Rosinenpicker, Diven, Regenmacher

Prof. Dr. Karl Pinczolits ist Vertriebsexperte und Unternehmensberater. Als Geschäftsführer des Instituts für Vertrieb, MCD GmbH, zählt er renommierte internationale Unternehmen zu seinen Kunden. Er leitet den Fachbereich Marketing und Vertrieb an der Fachhochschule Wiener Neustadt.

Im Campus Verlag erschien von ihm *Der Schlagzahlmanager. Arbeitsleistungen im Vertrieb messen und steigern* (1998), *Der befreite Vertrieb. Mit einer Zeltorganisation individuelle Wege zum Kunden finden* (2002) und *Was Profi-Verkäufer besser machen. Fünf Faktoren für Ihren Erfolg* (2010). Weitere Informationen unter www.pinczolits.at

Karl Pinczolits

Rosenpicker, Diven, Regenmacher

Verkäufer klassifizieren und zu optimaler Leistung führen

Campus Verlag
Frankfurt / New York

MIX
Papier aus verantwortungsvollen Quellen
FSC® C089473
www.fsc.org

ISBN 978-3-593-39830-3

Umschlaggestaltung: Anne Strasser, Hamburg
Satz: Campus Verlag, Frankfurt am Main
Gesetzt aus der Sabon und der Myriad Pro
Druck und Bindung: Beltz Bad Langensalza
Printed in Germany

Dieses Buch ist auch als E-Book erschienen.
www.campus.de

Inhalt

Einleitung

In den letzten Jahren haben ich viele Verkaufsleiter getroffen, mit denen ich seit 25 Jahren in Ausbildungen und Beratungen zusammengearbeitet habe, und bei diesen Treffen erhielt ich immer wieder die Rückmeldung, dass es die Arbeit mit den Typen, Gruppen und Milieus ist, die ihnen heute noch am meisten in ihrer Führungsarbeit nützt. Das war der Grund für mich, ein Buch über die Klassifizierung von Verkäufern zu schreiben. Jeder Verkäufer hat ein präferiertes Leistungsverhalten und dieses Leistungsverhalten ist bei erfolgreichen Verkäufern anders als bei Einsteigern. Die hier vorgestellten Typen, Gruppen und Milieus beschreiben, wie Verkäufer sind und wie sie zu höherer Leistung geführt werden können.

Niemand kann seine Persönlichkeit komplett verändern, aber sein Leistungsverhalten kann jeder Mensch ändern. Erfolgreiche Verkäufer können die gleichen persönlichen Eigenschaften wie nicht erfolgreiche haben. Es sind nicht die persönlichen Eigenschaften, die sie unterscheiden, es ist die Tatsache, dass der heute Erfolgreiche mehr leistet. Der sehr gute Verkäufer hat eine komplett andere Leistungspräferenz.

In diesem Buch fassen wir Menschen zusammen, die sich in ihrer Leistungspräferenz ähneln; also Verkäufer mit ähnlicher Leistungsbereitschaft und Zielorientierung. Diese Typen, Gruppen und Milieus sind Gleichgesinnte und sollen dann auch in einer bestimmten Art und Weise geführt werden. Die Verkaufsleiter meinten, es erleichtert ihre Führungsarbeit, wenn sie eine klare Zielgruppe vor Augen haben, bei der bestimmte Werkzeuge wirksam werden. Regenmacher wollen zum Beispiel aus der Führung entlassen werden, während Ehrgeizige eine dichte und enge Führung benötigen. Rosinenpicker benötigen eine zusätzliche Aufgabe, während Aufwändige erlernen müssen, mit weniger Arbeit das Gleiche zu erreichen. Nur wer seine Verkäufer genauer kennt, kann zielgerichtet führen und nachhaltiger erfolgreich sein. Daher ist es Ziel dieses Buches, das Leistungsverhalten der Verkäufer erst kennenzulernen und dann positiv zu beeinflussen und nicht die Persönlichkeit des Verkäufers zu verändern.

Mit diesem Buch will ich einen professionellen Standard in der Führung von Verkäufern schaffen. Zwanzig Jahre Vertriebsforschung, unzählige Interviews und die Daten aus mehr als 500 Projekten im Verkauf und Vertrieb waren die Basis für dieses Buch. Es ist ein gemeinsames Ergebnis einer Vielzahl von Aktivitäten, auf der einen Seite die Forschungsergebnisse aus der Wissenschaft: auf der anderen Seite die Erfahrung aus vielen Effizienzprojekten in Vertriebsorganisationen mit mehr als 200 Unternehmen mit Top-Verkaufsmanagern, Verkaufsleitern und Verkäufern in Europa, den USA und in Asien, die ich in den letzten 25 Jahren begleiten durfte.

Karl Pinczolits

Kapitel 1

Einführung

Stellen Sie sich vor, Sie sind ein Verkaufsleiter, dessen Gehalt und dessen Weiterkommen im Unternehmen von der Leistung von vier seiner Verkäufer abhängig ist: Der *erste* Verkäufer erwirtschaftet die Hälfte des Umsatzes des Vertriebs und 60 Prozent der Erträge, er verbringt den Großteil seiner Zeit beim Kunden und seine Kunden schätzen und lieben ihn. Der *zweite* erwirtschaftet 30 Prozent des Umsatzes und auch 30 Prozent der Erträge. Er verbringt seine Zeit bei ausgewählten Kunden und zieht sich immer mehr aus dem Geschäftsleben zurück. Der *dritte* erwirtschaftet 15 Prozent des Umsatzes und 8 Prozent des Ergebnisses. Er verbringt wenig Zeit beim Kunden und viel Zeit im Unternehmen, dafür bereitet er sich aber sehr umfangreich vor. Der *vierte* erwirtschaftet nur 5 Prozent des Umsatzes und erzielt keinen Profit. Er war früher ein guter Verkäufer, der heute immer mehr seiner Kunden verliert.

Diese vier Verkäufer erzielen bei vergleichbaren Voraussetzungen unterschiedliche Ergebnisse und haben auch eine unterschiedliche Leistungspräferenz, also eine andere Zielorientierung und ein unterschiedliches Leistungsverhalten. Und genau deshalb sind sie komplett anders zu führen.

In diesem Buch werden Sie zwanzig Typen, drei Leistungsgruppen und drei Milieus von Verkäufern kennenlernen. Das sind die Zielgruppen der Führung und wir beschreiben, wie sie zu führen und zu coachen sind.

In einer perfekten Welt, in der jeder eigenverantwortlich sein Leistungsverhalten laufend zu verbessern versucht, mag eine Kategorisierung von Leistung unnötig scheinen. Doch nur ganz wenige Verkäufer schaffen es, ihr Leistungsverhalten selbstständig dauerhaft zu steigern. Typen, Gruppen und Milieus sind neue Zielgruppen der Führung im Vertrieb und Verkauf. Sie zeigen der Führungskraft, wie die Leistung jedes einzelnen Verkäufers gesteigert werden kann.

Neu an diesem Buch ist, dass hier nach Leistung klassifiziert wird und das ist auch das größte Unterscheidungskriterium zu all den anderen im Markt befindlichen Typologien. Das ist die erste Leistungstypologie im Vertrieb, bei der Verkäufer nach Leistungspräferenzen klassifiziert werden. Alle drei Klassifizierungen – die Typen, die Leistungsgruppen und die Milieus – sind Leistungstypologien und keine Persönlichkeitstypologien. Die Typologie gibt der Leistung einen Namen und beschreibt das dahinterliegende Wesen der Leistung. Dieses Buch zeigt, wie Sie Verkäufer in Typen, Gruppen und Milieus klassifizieren können und beschreibt, wie Menschen im Vertrieb und Verkauf geführt werden sollen.

Die *Typen* beschreiben jeden Verkäufer in einer bestimmten Phase seiner eigenen Leistungsentwicklung. Die einzelnen Verkäufertypen sind Gleichgesinnte in ihrer Leistungs- und Zielorientierung und sind daher die ideale Zielgruppe für Einzelmaßnahmen.

Die *Gruppen* hingegen sind Leistungsgruppen wie zum Beispiel die zehn umsatzstärksten Verkäufer. Sie sind die ideale Zielgruppe für gruppendynamische Führung.

Milieus sind ein Zusammenschluss mehrerer Typen, in denen die gleiche Verkaufskultur herrscht, wie zum Beispiel bei den Aufsteigern. Typen, Milieus und Gruppen sind also ein zeitpunkt- und/oder ein zeitraumbezogenes Abbild des Leistungsverhaltens von Mitarbeitern.

Schnuppertest für Neugierige

Wenn Sie nun neugierig geworden sind, dann machen Sie sofort diesen Schnuppertest, um zu sehen, wie diese Typologie funktioniert. Sortieren Sie einfach einen Ihrer Verkäufer nach Aktivität und nach Qualität in die drei folgenden Kategorien ein: niedrig, mittel und hoch. Schätzen Sie die Werte eines Verkäufers und tragen Sie diese in die beiden Achsen der Typologie ein. Im Schnittpunkt der ermittelten Aktivität und Qualität erhalten Sie den Verkäufertyp. Beispiele für Aktivität könnten die Anzahl der

Kundenbesuche, die Anzahl der Angebote, die Anzahl der Termine oder die Verkaufsverhandlungen sein. Beispiele für Qualität könnten Produktivitäten, Auftragshöhen, Geschäftsabschlüsse und Trefferquoten sein. Jeder Verkaufstypus lässt sich in eine Grafik mit den Achsen »Aktivität« und »Qualität« einordnen.

Wie gut kennen Sie Ihre Mitarbeiter? Versuchen Sie, mehrere Ihrer Mitarbeiter spontan in Abbildung 1 einzuordnen. So werden die Typen definiert. Erkennen Sie Ihre Verkäufer wieder?

Der in diesem Schnelltest als Beispiel ermittelte Typ ist ein Leistungserbringer. Er ist einer unserer zwanzig Typen und er zeichnet sich durch eine Leistungspräferenz sowohl mit hoher Aktivität als auch hoher Qualität aus. Nehmen Sie nun einen Ihnen bekannten beliebigen Verkäufer

Abbildung 1: Der Zwanzig-Verkäufertypen-Schnelltest

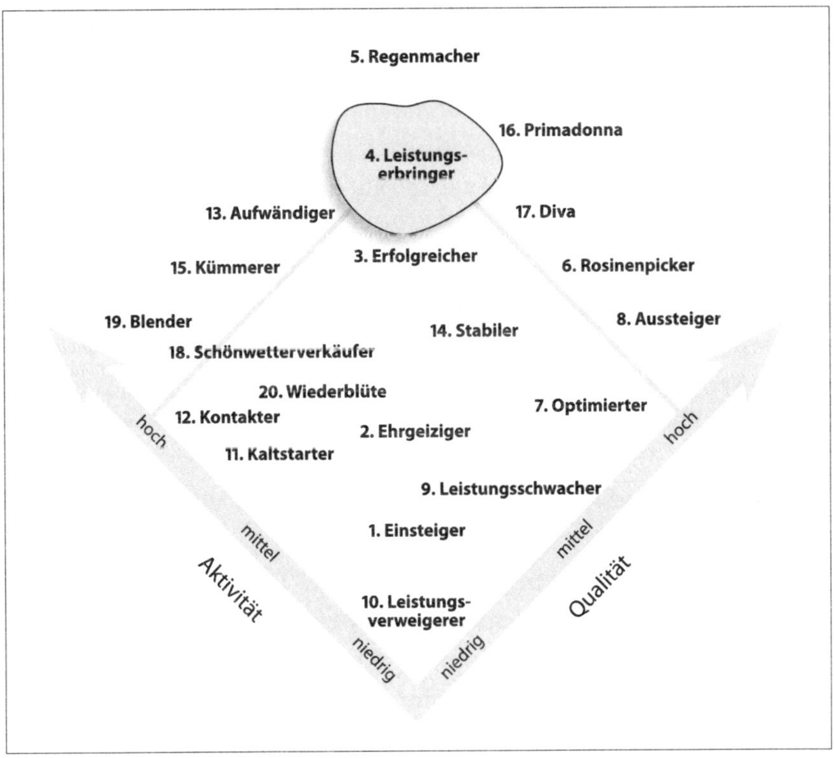

und ordnen Sie ihn zu. Damit haben Sie einen Typ ermittelt. Lesen Sie mehr dazu im entsprechenden Kapitel zu dem beschriebenen Typen.

Dieser Schnuppertest entspricht nicht der echten Verkäufertypologie, die auf einer Leistungsmessung basiert. Aber Sie haben die Möglichkeit, sich ein ungefähres Bild der Leistungspräferenz Ihrer Verkäufer zu machen. Je besser Sie Ihre Mitarbeiter kennen, umso besser wird auch das Ergebnis dieses Tests ausfallen.

Typ, Gruppe und Milieu

Wir werden Verkäufer in Typen, Gruppen und Milieus klassifizieren, um klare Zielgruppen für die Führungsarbeit zu erhalten. Wer klassifiziert, fasst zusammen und teilt Menschen in Kategorien ein. Unsere drei Klassifikationen fassen Verkäufer nach bestimmten Leistungsmerkmalen zusammen. Die Basis und Voraussetzung der Klassifikation ist eine Leistungsmessung von Verkäufern. Und das Ziel der Einteilung ist es, klare und abgrenzbare Zielgruppen für Führungsmaßnahmen zu erhalten. Die Daten sollen dabei die Leistungswirklichkeit abbilden und objektiv erhoben worden sein. Die Leistungsmessung soll auf Basis konkreter Vertriebskennzahlen ermittelt werden, wie zum Beispiel Umsatz, Gewinn, Anzahl von Angeboten, Auftragseingang, Anzahl von Kundenberatungen, Anzahl verkaufter Produkte. Auf Basis der Leistungsmessung kann eine Kategorisierung vorgenommen werden. Wir werden in diesem Buch drei Klassifizierungen kennenlernen: den Typ, die Gruppe und das Milieu.

Die Typisierung von Verkäufern

Wenn Führungskräfte Typen wie Primadonna, Diva, Regenmacher oder Rosinenpicker im Zusammenhang mit ihren Mitarbeitern hören, dann entstehen plötzlich Bilder im Kopf. Ein klassisches Beispiel ist die Diva – ein schwierig zu führender Verkäufer, meist ein Einzelkämpfer, ein sehr guter Verkäufer, der aber die Gruppe ruiniert, der die Führungskraft bei seinen Chefs ausspielt, sie nicht akzeptiert oder ignoriert. Er ist auf jeden Fall ein interessanter Typ, aber immer verhaltensauffällig. Soweit einige Aussagen von Verkaufsleitern.

Verhaltensweisen, Handlungen und Verkaufseigenschaften sind die Grundlage jeder Leistung. Jeder Verkäufer hat aber Licht- und Schattenseiten bei der Erbringung seines Outputs. Jeder Verkäufer arbeitet anders, denn er hat einen präferierten Zugang zu seiner persönlichen Leistung. Dieses präferierte Verkaufsverhalten bestimmt den Verkäufertyp. In einem Typ werden verschiedene Verkäufer mit der gleichen Leistungspräferenz zusammengefasst. Jeder Verkäufertyp basiert auf einer bestimmten Leistungsmessung, jedoch beschreibt der Typ vorrangig den Leistungscharakter, also das Wesen des Verkäufers.

Die Typen sind damit quasi Archetypen von Verkäufern, die sich durch ihre Verhaltensweisen, Handlungen und Verkaufseigenschaften unterscheiden. Unsere Typen sind also Charaktertypen der erbrachten Leistung. Das Kriterium zur Typisierung des Verkäufers ist vorrangig die Leistungspräferenz, also das Verkaufsverhalten und die Kompetenz. Leistungstypologien eignen sich daher ausgezeichnet zur Bewertung von Verkäufern, die in einem Leistungsprozess stehen. Die Verkäufertypen zeigen uns auf einfache Weise, wie Mitarbeiter sind, wie sie denken und wie sie geführt werden können. Die Arbeit mit dem Verkäufertyp eignet sich hervorragend, um die Einzelleistung jedes Mitarbeiters zu steigern. Jeder der in diesem Buch beschriebenen Typen hat ein eigenes Leistungsmuster und einen optimalen Führungsansatz, um die Einzelleistung zu steigern.

Eine Kurzcharakteristik der wichtigsten Verkäuferstereotypen

Die in diesem Buch beschriebenen Charakteristika von Verkäufern dienen dazu, das Wesen der hier dargestellten Typen darzustellen. Die wichtigsten Typen werden im Folgenden vorgestellt:

1. ***Der Einsteiger:*** engagiert, ohne Erfahrung, strebt nach beruflicher Etablierung, ist anpassungswillig und formbar.
2. ***Der Ehrgeizige:*** engagiert, mit erster positiver Resonanz bei seinen

Kunden, zielstrebiger Anpassungswilliger mit hoher Leistungsbereitschaft.

3. ***Der Erfolgreiche:*** leistungsfreundlich, mit Optimierungspotenzial, effizienz- und effektivitätsorientierter Leistungsbefürworter mit dem Wunsch, sich beruflich zu etablieren.
4. ***Der Leistungserbringer:*** Leistungsträger mit Potenzial, stabile Leistungsbasis des Unternehmens.
5. ***Der Regenmacher:*** Leistungsintelligenz des Unternehmens, die erste Wahl beim Kunden, kundenfokussierte und belastbare Leistungselite des Unternehmens.
6. ***Der Rosinenpicker:*** schonungsorientiertes Leistungsverhalten und der »erfolgreiche Absteiger«, abgeklärte ehemalige Leistungselite mit dem Wunsch, mit weniger Einsatz die gleiche Leistung zu erbringen.
7. ***Der Optimierte:*** kompetenter Leistungsvermeider, verweigert sich den Aktivitätserwartungen bei gleichzeitig hoher Kompetenz.
8. ***Der Aussteiger:*** geringe Leistungsbereitschaft und keine Deckung persönlicher Ziele mit den Unternehmensziel, unauffällig anwesender Minderleister. Zeigt hohe Leistungsbereitschaft außerhalb des Unternehmens, ist mit seiner beruflichen Stellung zufrieden und fühlt sich in seiner Situation als Gewinner.
9. ***Der Leistungsschwache:*** Leistungsschwäche mit wenig Perspektive, Aktivitäts- und Qualitätsdefizite, jedoch gleichzeitig um Teilnahme bemüht.
10. ***Der Leistungsverweigerer:*** hat innerlich gekündigt und ist auf der Suche nach Neuem, führungs-, coaching- und beratungsresistenter Mitarbeiter ohne Zielorientierung und Leistungstreben.
11. ***Der Kaltstarter:*** motivierte plan- und ziellose Aktionitis, stark bemühter und begeisterungsfähiger Verkäufer mit Kompetenzdefiziten.
12. ***Der Kontakter:*** der leere Kilometer-Verkäufer, sehr kontaktfreudig, aber ohne Verkaufserfolge.

13. ***Der Aufwändige:*** bemühter Unterstützer, fleißig, aber mit geringem Aufwands- und Zeitoptimierungsverhalten.

14. ***Der Stabile:*** der freundliche Verkäufer, mittelmäßige aber stabile Leistung, anpassungswillig mit hohen Integrationsbestrebungen und moderater Leistungsbereitschaft.

15. ***Der Kümmerer:*** hilfsbereiter oder detailorientierter Effektiver mit geringer Effizienz, Mitarbeiter mit dem höchsten Betreuungsaufwand, der berufliche Etablierung sucht.

16. ***Die Primadonna:*** öffentlicher Erfolgsdarsteller, individualistische Persönlichkeit, die Erfolg und Können zeigt, mit starkem Wunsch nach Selbstbestimmung.

17. ***Die Diva:*** die Prinzessin im Verkauf, unkonventionelles Verhalten, sucht nach Grenzen bei einer hohen Leistungsbereitschaft.

18. ***Der Schönwetterverkäufer:*** vertriebliches Mauerblümchen mit guter Arbeitsbilanz, jedoch ohne nennenswerte Resultate, der ewige Zweite.

19. ***Der Blender:*** der Angeber und Aufschneider, mehr Schein als Sein.

20. ***Die Wiederblüte:*** unspektakulärer Aufsteiger, der wiederauferstandene Verkäufer, verfolgt nach einem Abstieg wieder konsequent Unternehmensziele.

Diese zwanzig Verkäufertypen zeigen die wichtigsten Stereotypen von Mitarbeitern. Jeder der Typen ist eine Zielgruppe der Führungsarbeit und damit ein wirkungsvoller und schlagkräftiger Ansatz zur Einzelführung. Die Verkäufertypen zeigen uns, wie sie denken, was sie wollen und wie sie arbeiten. Sie werden Ihre Mitarbeiter garantiert wiedererkennen und dabei lernen Sie, sehr effektiv zu fördern und zu entwickeln. Durch die beschriebenen Typen soll ein Gesamtbild der Einzelleistungen von Verkäufern entstehen. Sie sollen die Typen kennenlernen und zusätzlich erkennen, wie sich jeder der Typen entwickeln kann.

Doch es geht nicht nur darum, die Einzelleistung zu steigern. Zusätzlich zur Einzelleistung gibt es eine Reihe von gruppendynamischen Effekten in der Leistungsgruppe und im Milieu, welche sich fördernd auf die Gesamtleistung auswirken können.

Die Leistungsgruppe

Wir werden sehen, dass Führen auf mehreren Ebenen zu besseren Resultaten der Führungsarbeit führt. Nach der Einteilung in Typen ist die zweite Klassifizierung die Einteilung von Verkäufern in Leistungsgruppen. Die Leistungsgruppe klassifiziert Verkäufer in drei Bereiche: Erstens in die besten Verkäufer, die Leistungsträger. Sie bilden die Gruppe mit den besten Ergebnissen. Zweitens in die Leistungsschwachen, sie bilden die Gruppe mit den schlechten Ergebnissen. Die dritte Gruppe sind die durchschnittlichen Leistungserbringer, sie bilden die Gruppe mit den mittleren Ergebnissen. Bei der Leistungsgruppe wird ausschließlich nach Ergebnis und Resultat gereiht. In jeder Leistungsgruppe sind bestimmte Typen vorrangig vertreten. So werden beispielsweise unter den Leistungsträgern die Leistungserbringer, die Regenmacher, die Primadonna und Diva zusammengefasst. So werden die drei Leistungsgruppen definiert:

- ***Leistungsgruppe 1:*** effizienzorientierte Leistungsträger des Unternehmens, die einen Großteil der Ergebnisse erwirtschaften.
- ***Leistungsgruppe 2:*** Leistungs- und anpassungsbereite Mehrheit der Verkäufer mit einem großen Hang zu vertrieblichem Pragmatismus und Transparenz.
- ***Leistungsgruppe 3:*** Leistungsschwache Verkäufergruppe mit unterdurchschnittlichen vertrieblichen Resultaten.

Mithilfe der Leistungsgruppen ist es möglich, die Gesamtgruppe zu zerteilen und anschließend mit den Instrumenten der Gruppenführung zu bearbeiten. Die hauptsächlich dafür genutzten Werkzeuge sind Tagungen, Gruppenmeetings und Teambesprechungen. Ziel einer Führung von Leistungsgruppen ist es, eine massive Leistungsverbesserung, einen Leistungssprung beim Großteil der Mitarbeiter herbeizuführen.

Das Milieu

Eine besondere Form der Gruppe ist das Milieu. Das ist die dritte Klassifizierung, die wir vornehmen. Ein Milieu ist auch eine Gruppe, sie setzt sich nur anders zusammen. Ein Milieu besteht aus mehreren Typen mit gleicher Gesinnung. Ein Milieu ist, genauso wie die Leistungsgruppe, ein Zusammenschluss mehrerer Typen. Doch das Kriterium zur Gruppenbildung ist hier ein anderes. Hier wird nach einem gemeinsamen Geist und einer gemeinsamen Leistungskultur klassifiziert. Eine dieser Gesinnungsgemeinschaften ist zum Beispiel das Milieu der Aufsteiger. Aufsteiger haben ähnliche Ziele, sie wollen in ihrem Beruf etwas erreichen. So sind in den Aufsteigermilieus alle Einzelmilieus zusammengefasst, die einen Aufstieg vom Einsteiger bis zum Regenmacher beschreiben. Milieus bestehen aus mehreren Typen mit ähnlicher Gesinnung. Die Milieus werden folgendermaßen definiert:

1. ***Aufsteigermilieus*** haben effizienzorientierte Leistungsbereitschaft mit starker Zielorientierung und dem Wunsch nach Selbstbestimmung.
2. ***Beobachtermilieus*** sind aktivitäts-, lern- und anpassungsbereite Mitarbeiter, die nach beruflicher Etablierung streben.
3. ***Absteigermilieus*** sind um Teilnahme bemühte Kompetenzträger, die Engagement verweigern.

Führungsansätze beschreiben, mit welchem Führungsstil und mit welchen Werkzeugen Verkäufer geführt werden sollen. Jeder Typ hat einen idealen Führungsansatz, der sich in der Praxis als erfolgreich herausgestellt hat. Jeder Führungsansatz zeigt der Führungskraft die Möglichkeiten auf, ihre Mitarbeiter optimal zu führen. Aus der Beschäftigung mit den Typen ergeben sich Maßnahmen, die im Zuge der Führungsarbeit ergriffen werden können, um die Einzel- und die Gesamtleistung von Verkäufern zu steigern beziehungsweise zu festigen. Im Folgenden sind die Ansätze knapp zusammengefasst, mit denen Verkäufertypen geführt werden sollten:

1. ***Der Einsteiger*** will, aber kann noch nicht verkaufen und braucht eine enge Führung.
2. ***Der Ehrgeizige*** ist engagiert und fleißig und benötigt Kundenzugang und Aufmerksamkeit.
3. ***Der Erfolgreiche*** macht die ersten Geschäfte, der weitere Weg muss ihm aufgezeigt werden.
4. ***Der Leistungserbringer*** liefert kontinuierlich gute Ergebnisse, er benötigt laufende Anerkennung.
5. ***Der Regenmacher*** wird durch jeden Kundenkontakt motiviert, er gehört entlastet und unterstützt.
6. ***Der Rosinenpicker*** reduziert die eigene Leistung und benötigt neue zusätzliche Aufgaben.
7. ***Der Optimierte*** macht trotz hoher Kompetenz nur das Notwendigste, hier muss Druck angesetzt werden.
8. ***Der Aussteiger*** ist ein privat hoch engagierter Mensch, jedoch beruflich ein Minderleister und benötigt eine Zielverrückung.
9. ***Der Leistungsschwache*** verliert Markt und Kunden, er benötigt retrograde Ziele und klare Vorgaben.
10. ***Der Leistungsverweigerer*** ist führungsresistent, eine Veränderung soll eingeleitet werden.
11. ***Der Kaltstarter*** bemüht sich als Verkäufer, seine Verkaufsproduktivität gehört systematisch gesteigert.
12. ***Der Kontakter*** wird beim Kunden nicht respektiert, eine Änderung des Verhaltens ist wichtig.
13. ***Der Aufwändige*** ist ein fleißiger Verkäufer, der Aufwands- und Zeitvorgaben benötigen.
14. ***Der Stabile*** ist ein kontinuierlicher Ergebnisbringer, der neue Perspektiven benötigt.
15. ***Der Kümmerer*** überbetreut seine Kunden, er muss lernen, Ergebnisse mit weniger Aufwand zu erreichen.

16. ***Die Primadonna*** fühlt sich als Star der Verkaufsgruppe mit einer Neigung zur Selbststüberschätzung.
17. ***Die Diva*** fordert Zuwendung und Aufmerksamkeit und kann das Klima unter den Verkäufern zerstören.
18. ***Der Schönwetterverkäufer*** ist das vertriebliche Mauerblümchen, ihm muss Mut gemacht werden.
19. ***Der Blender*** ist ein oberflächlicher Kontaktverkäufer, der mit Minimalstandards geführt werden soll.
20. ***Die Wiederblüte*** ist ein unspektakulärer Aussteiger, bei dem der Freiheitsgrad erhöht werden kann.

Messung der Verkaufsleistung

Wie wurde die Leistung gemessen? Die Daten, die hinter den Modellen liegen, beruhen auf Leistungsmessungen von mehr als 35000 Verkäufern und Außendienstmitarbeitern aus den unterschiedlichsten Bereichen und Branchen aus den letzten zwanzig Jahren.[1] Parallel dazu wurden in den letzten zwölf Jahren mehr als 3000 Interviews geführt, vor allem mit Verkäufern und Verkaufsleitern. Millionen von Datensätzen wurden von Controllern in vielen Unternehmen ausgewertet und die Ergebnisse dem Autor zur Verfügung gestellt. Die Daten stammen dabei aus allen möglichen Berufen und Branchen, vom Autoverkäufer bis hin zum Investmentbanker, vom Versicherungsvertreter bis hin zum Pharmaverkäufer. Die Forschung ist heute in der Lage, die Leistung jedes Verkäufers genau zu messen und zu klassifizieren. Das Ergebnis, das Sie hier sehen, ist eine Vereinfachung und eine praktische Anwendung dieser Erkenntnisse.

Ich bin seit 35 Jahren in Vertrieb und Verkauf tätig, davon 23 Jahre als Unternehmensberater sowie als Vortragender an Hochschulen und Universitäten. Mehr als zehntausende Menschen aus allen möglichen Vertriebs- und Verkaufbereichen habe ich bereits kennengelernt und viele auch sehr lange begleitet. Dabei konnte ich erfahren, wie diese Menschen denken, aber auch und vor allem, wie und was sie leisten. Mein Anliegen ist anspruchsvoll: Mit diesem Buch soll ein Standard in der Führung im Vertrieb geschaffen werden, der es Führungskräften erlaubt, Zielgruppen der Führung präzise zu definieren und wirkungsvoll zu führen.

Teil 1

Führen von Verkäufern – Was Sie dazu alles wissen müssen

Zwischen Neid und Mitleid schwanken die Emotionen, wenn man hört, dass die Mitarbeiter, die Sie führen, Verkäufer sind. Neid vor allem wegen der Tatsache, dass Sie Mitarbeiter haben, die eigenverantwortlich sind und genau wissen, was sie tun müssen, und Mitarbeiter, die Sie wenig zu Gesicht bekommen, da sie viel Zeit in der Betreuung beim Kunden verbringen: »... die Mitarbeiter sind selbstständig und organisieren sich selbst und werden von Provisionen bezahlt, da ist Führung sehr leicht ...«

Mitleid erhält man dann, wenn bekannt wird, wer diese Verkäufer sind, die man führt: »... das ist ein schwieriger Typ. Es ist praktisch unmöglich, ihn zu führen, na ja, dann viel Spaß mit deinem neuen Mitarbeiter ... ja, das ist der Superstar des Unternehmens, der allerbeste Verkäufer, er geht bei unserem Vorstand ein und aus und ist auch per du mit ihm und das ist jetzt dein Mitarbeiter? ...« Mitleid erhält man auch, da gerade die Führungskräfte in Vertrieb und Verkauf jene sind, die am häufigsten den Job wechseln. Häufiger als der Verkaufsleiter wird keine Managementposition im Unternehmen ausgetauscht. Wenn was schief läuft, ist eben der Trainer schuld. Als Trainer einer auf Erfolg ausgerichteten Sportmannschaft wird man oft ausgetauscht. Und jeder Verkäufer weiß, dass die Führungskraft eine geringere Halbwertszeit als er selbst hat. Vor diesem Hintergrund ist es unschwer zu erkennen, dass Führen von Verkäufern ein ganz spezieller Job ist, der besondere Fähigkeiten verlangt.

Menschen, denen Ziele vorgegeben und Ergebnisse abverlangt werden, benötigen eine besondere Führung. Das sind in der Regel Verkäufer, die Kunden betreuen, Vertreter, die Gebiete verantworten, Handelsbetreuer, die selbstständige Unternehmen betreuen, Außendienstmitarbeiter bei der Akquise und beim Kundenaufbau, Berater, die Dienstleistungen anbieten, aber auch Produktmanager, Marketingmitarbeiter, selbstständige Mitarbeiter in Direkt- und Strukturvertrieben, Projektmitarbeiter, Business Developer oder Mitarbeiter in Serviceorganisationen. Die hier getroffenen Aussagen gelten auch beim Führen von Freiberuflern wie Rechtsanwälten, Steuerberatern und Wirtschaftstreuhändern, Architekten und beim Führen von Beratern. Ideal ist dieser Ansatz, wenn der Mitarbeiter die Verantwortung über sein eigenes Handeln, aber auch die Verantwortung für das Betreuen von Kunden, Gebieten und Regionen sowie Produkten hat.

Braucht man ein eigenes Buch, um Verkäufer führen zu können? Reicht nicht die bereits vorhandene Literatur zum Thema Führung aus? Und wenn ja, wie *anders* muss dann die Führung im Vertrieb und Verkauf sein? Die Antwort auf die Frage, ob man zur Verkäuferführung ein spezielles Buch braucht, ist Ja: Es zeigt sich eine starke Tendenz zu einer immer komplexeren individualisierten Arbeits- und Führungsweise. Die Arbeitswelt wird kleinteiliger, daher muss die Führung Streuverluste vermeiden und zielgerichteter arbeiten. Je besser Sie die Zielgruppe in ihrem Leistungsverhalten lokalisieren, desto besser wird auch die Führung. Die Typen, Milieus und Leistungsgruppen sind klare Zielgruppen, in denen bestimmte Führungsansätze erfolgreich sind.

Kapitel 2

Verkaufsleiter

Verkaufsmanager sind neben Technik- und Produktionsmanagern die am häufigsten auftretende Spezies unter den Führungskräften. In den deutschsprachigen Ländern gibt es 1 400 000 Vertriebs- und Verkaufsleiter und ungefähr 300 000 Unternehmer, die neben ihrer Unternehmertätigkeit auch Verkäufer führen. In den USA gibt es cirka 5 Millionen Verkaufsmanager. Die Zielgruppe dieses Buches sind Führungskräfte, die Verkäufer im weitesten Sinne führen. Das sind in erster Linie Verkaufsleiter, Unternehmer, Geschäftsführer, Manager, Vertriebsmanager, Vertriebsvorstände, aber natürlich auch Berater und interessierte Verkäufer, die sich selbst führen wollen. Dieses Buch beschreibt, wie Sie die Leistung jedes einzelnen Verkäufers und die des gesamten Verkaufsteams steigern können. Was sagt uns die Statistik? Der durchschnittliche Verkaufsmanager führt in der Regel eine Gruppe von fünf Verkäufern. Vereinzelt gibt es auch welche, die mehr als 40 Verkäufer führen, aber in den meisten Unternehmen liegt die natürliche Obergrenze bei 15 Personen. Von allen Managern ist der Vertriebsmanager derjenige, der am stärksten tätig und ausführend in die Arbeit eingebunden ist. Mehr als 50 Prozent der Verkaufsmanager verkaufen auch selbst, haben eigene Kunden und / oder sind für die Betreuung der großen Kunden verantwortlich.[2]

Als die weltweite größte Vereinigung von Vertriebsprofessoren an der Bocconi SDA Universität in Mailand bei einem Vertriebskongress der GSSI zusammentraf, wurden die am Kongress ebenfalls teilnehmenden Vertriebsmanager und Unternehmer befragt, was denn ihre Erwartungen an die Vertriebsforschung seien. Die Antwort der Vertriebsverantwortlichen kam schnell und war außergewöhnlich klar: Zeigt uns, wie wir mehr aus unserem bestehenden Vertrieb herausholen können. Erklärt uns, wie wir unsere Vertriebsorganisationen verbessern können. Nun, die Antwort wurde schnell gefunden: Verkaufsleiter müssen mehr Führungsarbeit leisten, zumindest viel mehr als bisher, so lautete das Ergebnis. Der Engpass im Vertrieb ist die Führung der Verkäufer. Es ist also unbestritten, dass Führungsarbeit einer der wichtigsten Erfolgsfaktoren im Vertrieb ist – und diese Führung muss auch spürbar gemacht werden.

Führung spüren

Was erwartet ein Verkäufer von seiner Führungskraft? Was erwartet ein Anfänger und was erwartet ein erfahrener Verkäufer? Was erwarten die besten Verkäufer und was erwarten die leistungsschwachen? Wie viele Verkäufer sind mit ihrer Führungskraft zufrieden? Und welches Verhalten soll der Verkaufsleiter zeigen, damit die Verkäufer mit ihm zufrieden sind? Um die Illusionen gleich vorweg zu nehmen: »Allen Menschen recht getan, ist eine Kunst, die niemand kann«, so lautet ein Sprichwort. Viele Verkaufsleiter, die früher selbst Verkäufer waren, neigen dazu, alle Verkäufer wie Kunden zu servicieren. Das kann nicht gelingen. Denn Führen ist ganz etwas anderes als Verkaufen. Eine Kundenbeziehung ist ebenfalls etwas anderes als eine Führungsbeziehung. Die richtige Frage muss hier lauten: Was kann eine Führungskraft tun, um in ihrer Rolle als Führungskraft wirksam zu sein? Und natürlich sind uns jene Führungskräfte lieber, bei denen die Verkäufer zufrieden sind und die auch noch zusätzlich wirksam sind.[3] Also wie schaffen es Verkaufsleiter, ihre Mitarbeiter richtig zu führen?

Was ist hier das Hauptproblem? Meiner Ansicht nach ist die Führungskraft zu wenig präsent! Und wer nicht präsent ist, der kann nur schwer führen. Das ist ein Kernthema und das ist die erste wichtige Erkenntnis, die aus vielen Untersuchungen über das Verhältnis zwischen Verkäufern und Verkaufsleitern gewonnen wurde. Bevor aber bei diesem Thema in die Tiefe gegangen wird, ist es wichtig, zu verstehen, wo es denn bei der Führung durch die Führungskraft zu Engpässen kommt. Der wichtigste Engpass bei der Führung von Verkäufern ist die *Arbeitszeit*, die eine Führungskraft für die Führungsarbeit aufwendet. So wird mehr Zeit für die Betreuung eigener Kunden aufgewandt als für die Führungsarbeit. Auch gibt es einen Zusammenhang bei Unternehmen zwischen niedrigen Vertriebskosten und einem hohen Zeitanteil, den eine Führungskraft für die Führung verwendet.

Immer die Klarheit zu haben, was zu tun ist, ist eine wichtige Voraussetzung für eine spürbare Führung. Als Führungskraft sollte man in der Lage sein, Zielgruppen der Führung klar zu definieren und genau zu wissen, welche Instrumente und Werkzeuge einzusetzen sind. Es erleichtert die Führungsarbeit ungemein, wenn ein Plan vorhanden ist, wie die Leistung der Verkäufer zu steigern ist. Also muss die richtige Frage lauten: Wie schaffen es Verkaufsleiter, die Mitarbeiter in jeder einzelnen Zielgruppe richtig zu führen? In unserem Buch werden Sie Zielgruppen der Führung kennenlernen. Jede dieser Zielgruppen ist anders zu führen. Da gibt es Verkäufer, die den Verkaufsleiter täglich spüren *müssen*. Er muss bei ihnen sein und er muss den Verkäufern klare Vorgaben machen sowie darauf achten, dass keine Kunden verlorengehen. Es gibt Zielgruppen, die den Verkaufsleiter täglich »spüren«, also zumindest einen Kontakt haben *wollen*. Sie brauchen meist Hilfe, Entlastung und Unterstützung. Aber es gibt nicht wenige, die sich bedrängt füllen, wenn sie den Verkaufsleiter täglich treffen. Sie benötigen *keine* Unterstützung. Ganz im Gegenteil: Sie sind nur dann wirksam, wenn sie aus der Führung entlassen werden. Andere wollen ein Vorbild, einen Verkaufsleiter als Lichtgestalt, dem sie nacheifern, und wieder andere haben ihren eigenen Verkaufsstil gefunden, der am Markt sehr gut angenommen wird, und sie wären unwirksam, wenn ihnen ein anderer Verkaufsstil aufgedrangt würde.

Leistungssteigerung durch Führung

Der Erfolg Ihrer Mitarbeiter ist auch Ihr Erfolg. Vergessen Sie nicht: Die Leistung und die Leistungssteigerung Ihrer Mitarbeiter ist in der Folge auch Ihre Leistung. Gute Führung und eine Leistungssteigerung gehen

Hand in Hand. Generell ist zu sagen, dass die Leistungsverdichtung in allen Bereichen der Wirtschaft immer mehr zunimmt. Die Forderung lautet daher: Immer mehr und das in immer kürzerer Zeit. Wer sein Leistungsverhalten nicht verbessert, wird dem Druck nicht standhalten. Das Leistungsverhalten der Verkäufer ist der Angelpunkt, diesem Druck entgegenzuwirken. Wie können Leistungssteigerungen erzielt werden?

Der wichtigste Ansatzpunkt für eine Leistungssteigerung ist, die vorhandenen Leistungsreserven bei Verkäufern jährlich auszuschöpfen. Was kann eine Führungskraft dazu beitragen? Dazu eine Analogie zum Sport: Welche Rolle spielt ein Trainer oder Coach bei einem Fußball- oder Basketballspiel? Schätzen Sie einmal! Welchen Anteil kann man bei einem gewonnenen Spiel den Spielern zurechnen und welchen Erfolg dem Trainer? Wer diese Übung mit mehreren Personen macht, wird erkennen, dass der Anteil des Einflusses des Trainers maßlos überschätzt wird. Der Einfluss des Trainers auf den entscheidenden Spielerfolg liegt lediglich bei 3 bis 5 Prozent. Das ist der Wert, den jeder Trainer zusätzlich als Leistungsreserve zur Verfügung hat und der zusätzlich ausgeschöpft werden kann. 5 Prozent können im Sport den gewaltigen Unterschied zwischen Gewinnen und Verlieren ausmachen. Aber wenn wir unsere Leistungslücken betrachten, und uns die Ergebnisse von Unternehmen ansehen, dann macht es auch einen großen Unterschied, ob man nun 3 bis 5 Prozent besser ist oder nicht. Dieser geringe Prozentsatz kann in der Regel für ein Unternehmen lebenswichtig sein. So wie jede Sportmannschaft durch den Trainer bei einem Spiel zu einer Leistungssteigerung veranlasst werden kann, so kann auch jeder Verkaufsleiter jährlich die vorhandenen Leistungsreserven seiner Verkäufer ausschöpfen. Es macht einen gewaltigen Unterschied, ob der Umsatz eines Unternehmens jährlich um 3 bis 5 Prozent mehr steigt oder nicht. Diese Leistungsreserve ist in jedem Unternehmen vorhanden und kann von den Verkaufsleitern ausgeschöpft werden.

Es gibt zwei Ansatzpunkte, um die Leistungsreserve zu nutzen: Das sind die Anzahl der Aktivitäten und die Qualität von Verkäufern. Die erste wichtigste Erkenntnis ist, dass Aktivität und Qualität *anders* wirken und durch andere Maßnahmen beeinflussbar sind. Eine dieser Maßnahmen betrifft den Zeitfaktor. So können Sie die Aktivität von Verkäufern ab *morgen* sofort verändern, was auch vielen Führungskräften gelingt. Wenn Sie das Gleiche Prozedere mit der Qualität machen wollen, dann werden Sie garantiert scheitern. Eine Verbesserung von Qualität ist nur über einen *langen* Zeitraum möglich. Ein weiteres Beispiel für den Unterschied zwischen Aktivität und Qualität ist der *Grad* der Erhöhung. Die Qualität kann in einem *höheren* Ausmaß gesteigert werden als die Aktivität. Die Anzahl der Aktivitäten von Verkäufern ist nur in einem bestimmten Rahmen steigerbar. Das wird in der Entwicklung von Aufsteigern offensichtlich. Es ist zum Beispiel für einen Einsteiger schwer, eine hohe Qualität der Leistung zu erbringen. Engagiertes Verhalten ist aber auch am Beginn der Verkäuferkarriere möglich. Die Entwicklung der Qualität kostet einfach Zeit. Eine Veränderung der Aktivität ist aber sofort, also quasi ab morgen, möglich. Dieser Unterschied bewirkt natürlich, dass die Führungswerkzeuge am Beginn der Karriere sehr auf die Erhöhung von vielen Aktivitäten ausgerichtet werden sollen (Stichwort: die Schlagzahl erhöhen!). Auf der anderen Seite erkennen wir: Wenn Verkäufer abzusteigen beginnen, dann ist die Qualität zumindest am Beginn nicht davon betroffen. Der erste Abstieg erfolgt über die Aktivitäten. Als Führungskraft bedeutet dies, dass sowohl der Aufstieg als auch der Abstieg in der Regel durch ein Erhöhen oder durch ein Absinken von Aktivitäten eingeleitet wird. Es darf aber nicht der Eindruck entstehen, dass Qualität unwesentlich ist. Sie ist jedoch nur sehr langfristig zu entwickeln und dadurch auch nur langfristig steuerbar. Es dauert eben seine Zeit, bis Kompetenzen und Netzwerke aufgebaut sind.

Grundsätzlich ist es die Aufgabe einer Führungskraft, dafür zu sorgen, dass sich Verkäufer zu immer »besseren« Typen entwickeln. In der Regel erhalten Unternehmen jedes Jahr neue Ziele und Vorgaben, die höher sind, als es die Ziele des Vorjahres waren. Es wird in der Regel immer erwartet, dass alle im Vertrieb eine bessere Leistung erbringen, als es die Leistung im letzten Jahr war. Auf der anderen Seite: Wenn Verkäufer absteigen, dann ist es die Aufgabe der Führungskraft, diese aufzufangen und sie wieder nach oben zu entwickeln. Die Führungskraft muss dann die Leistungsmoral fördern und den Mitarbeitern einen Aufstieg schmackhaft machen.

Leistungsgerechtigkeit ist die Voraussetzung einer Leistungssteigerung und guter Führung. Unter Leistungsgerechtigkeit ist zu verstehen, dass die Leistung, die erbracht wird, jedem Mitarbeiter direkt zurechenbar ist und dass die Voraussetzungen für die Leistungserbringung die gleichen sind. Und das ist auch meistens der Grund, warum viele Organisationen Leistungsmessungen nicht einführen. Wenn zum Beispiel ein neues innovatives Produkt auf den Markt kommt, dann steigt der Absatz. Dieser Effekt ist aber nicht originär auf den Verkäufer zurückzuführen. Das Gleiche gilt zum Beispiel beim Einsatz massiven Marketings: Auch hier kommt es zu Absatzspitzen, die der Betreuer nicht durch seine persönliche Leistung hervorgerufen hat. Was also tun? In dieser Situation ist es wichtig, die Aktivität und das Ergebnis nur von Themen abhängig zu machen, wie zum Beispiel Aktionen, die auch durch den Mitarbeiter beeinflussbar sind beziehungsweise werden.

Die drei Führungsdilemmas

Die Enttäuschung von Verkäufern über das Führungsverhalten von Verkaufsleitern ist immer schon hoch gewesen. Das erklärt sich daraus, dass in den meisten Fällen der beste Verkäufer zur Führungskraft befördert wurde. Nicht, dass dieses Verhalten an und für sich schlecht ist. Es gibt viele Top-Verkäufer, die ausgezeichnete Verkaufsleiter wurden. Aber das Verständnis von Führung ist ein anderes. Einer der Hauptgründe, warum Mitarbeiter von ihrem Chef enttäuscht sind, ist die Tatsache, dass der Verkaufsleiter nicht führt, sondern verkauft, weil er das ja sehr gut kann. Das ist vor allem dann der Fall, wenn der Verkaufsleiter zum Beispiel fünfmal soviel Umsatz erwirtschaftet wie ein neuer Mitarbeiter. Dann ist es häufig aus Sicht der Unternehmensleitung besser, diesen Umsatz zu holen, als sich mit einem unterdurchschnittlichen Mitarbeiter zu beschäftigen. Damit entsteht jedoch ein Dilemma. Der Wert von Führung wird infrage gestellt und die Führungskraft wird immer mehr der beste Verkäufer. Was sind nun die drei Themen, die eine Führungskraft im Vertrieb lösen muss?

1. Mitarbeiter führen, die man *nicht sieht*

Wie präsent muss der Vorgesetzte sein, wenn der Mitarbeiter den ganzen Tag bei den Kunden unterwegs ist? Wie viel können Führungskräfte vorleben, wenn sie Mitarbeiter führen, die man nicht sieht? In der Regel ist das Führen von Außendienstmitarbeitern nicht mit der Führung von Mitarbeitern zu vergleichen, die an einen Ort, an ein Büro oder an eine Produktion gebunden sind. Das Führen von Mitarbeitern, die physisch nicht anwesend sind, erfordert eigene Führungswerkzeuge, die eine Führungskraft im Vertrieb beherrschen muss. Innendienstmitarbeiter sind in der Regel an einen Ort gebunden und können daher ähnlich wie Mitarbeiter aus anderen Unternehmensbereichen geführt werden. Das Führen von Mitarbeitern, die man nicht sieht, ist eine der größten Herausforderungen an eine Führungskraft im Verkauf. Wichtig ist hier die Klarheit. Sie haben wenig Zeit mit den Mitarbeitern zur Verfügung, daher vermeiden sie alles, was nicht eindeutig ist und einen Erklärungsbedarf erzeugt. Vermeiden Sie Intransparenz und Unglaubwürdigkeit. Übertriebene Diplomatie und Rücksichtnahme ist genau so unproduktiv. Führungskräfte im Vertrieb müssen lernen, Verkäufer über Distanz zu führen! Vor allem die Instrumente und Werkzeuge der Gruppen- und Milieuführung eignen sich sehr gut, Verkäufer auch über Distanz zu führen.

2. Eigene Kunden betreuen und verwalten

Verkaufsleiter sind in vielen Fällen klassische »Nebenerwerbsführungskräfte« und zusätzlich eine »Halbtagsadministrationskraft«, wie es ein betroffener Verkaufsleiter einmal ausdrückte. Und dem müssen wir leider mit Nachdruck zustimmen. Eine Nebenerwerbsführungskraft deshalb, weil die Führungskraft sehr viel Zeit für die Betreuung ihrer eigenen Kunden aufwendet. Und eine Halbtagsadministrationskraft wegen der Tatsache, dass der administrative und der Abstimmaufwand im Unternehmen stetig steigen. Viele Studien zu dem Thema und vor allem die Ergebnisse von Zeitauswertungen in vielen Projekten lassen erkennen, dass die meiste Zeit mit der Betreuung eigener Kunden und klassischen administrativen Tätigkeiten ausgefüllt ist. Von allen Managern ist der Vertriebsmanager derjenige, der am stärksten operativ eingebunden ist. Mehr als 50 Prozent der Verkaufsmanager verkaufen auch selbst, haben eigene Kunden und/oder sind für die Betreuung der großen Kunden verantwortlich.

Dabei bleibt ihnen kaum Zeit zum Führen. Verkaufsleiter sind damit die am stärksten *operativ* ausgerichteten Führungskräfte, verglichen mit allen anderen Führungskräften. Kein anderer Manager verbringt so viel Zeit mit der Betreuung von eigenen Kunden und der Abwicklung von Kundeninteressen im Unternehmen wie der Verkaufsleiter. Diese extreme operative Orientierung führt dazu, dass Verkaufsleiter in der Regel nur 28 Prozent ihrer Zeit in das Führen und Fördern von Mitarbeitern investieren. Einer der Gründe, warum Verkaufsleiter in dem hohen Maß operativ tätig sind, ist, dass das Ansehen für Verkaufsleiter im Unternehmen steigt, wenn sie die wichtigen, meist umsatzstarken Kunden selbst betreuen.

Der zweite wichtige Grund ist, dass Verkaufsleiter ihren eigenen Wert für das Unternehmen dramatisch erhöhen und nur mehr sehr schwer ausgetauscht werden können, wenn sie die umsatzstärksten Kunden zum Teil selbst oder co-betreuen.

Ein weiteres nicht unwesentliches Argument ist, dass das Verkaufen an sich eine schöne Tätigkeit ist und für viele Verkaufsleiter eine befriedigendere Beschäftigung darstellt als das Führen von Verkäufern. Ohne die sicher sinnlose Forderung auszusprechen, der Verkaufsleiter sollte keine Kunden mehr betreuen, kann dennoch gefordert werden, den größten Teil der Arbeitszeit für die Führung seiner Mitarbeiter zu reservieren.

Der Vorteil für den Verkaufsleiter und für das Unternehmen ist, dass die Kundenzeit der Verkäufer umso höher ist, je mehr und besser geführt wird. So liegt in professionellen Unternehmen die sogenannte Kundenzeit, das heißt die Zeit, die der Verkäufer tatsächlich beim Kunden verbringt, bei circa 41 Prozent der Gesamtarbeitszeit, während in weniger intensiv geführten Vertrieben dieser Prozentsatz um 10 Prozentpunkte niedriger ist. Bei internen Meetings und Administration ist bei Verkäufern der Anteil umgekehrt. Hier ist im Schnitt bei schlecht geführten Vertrieben der Anteil um 10 Prozent höher als bei professionellen Vertrieben. Bei guter Führung verkaufen Verkäufer mehr und machen weniger Administratives.

3. Die Führungskraft als netter Kollege

Die Sehnsucht, von den Mitarbeitern gemocht zu werden, wird für viele neue Verkaufsleiter zur Falle. Eine der größten Illusionen als Verkaufsleiter ist es zu glauben, es allen recht machen zu können. Dieser Wunsch kommt vor allem aus der Zeit, als sie Verkäufer waren. In einer Situation, in der sie die Kunden direkt betreut haben, machte diese Eigenschaft durchaus Sinn. Wenn sie jedoch mit der Führung von Verkäufern betraut sind, dann ist dieses Verhalten auf jeden Fall zu überdenken. Verkäufer bewerten die Qualität ihres Vorgesetzten nach anderen Leistungen: *Wie führt er* und nicht *wie verkauft er*. Das ist wichtig zu verstehen.

Doch nun zurück zum »alles recht machen«. Wird eine Leistung vom Verkäufer nicht gebracht, so ist es auch nur schwer möglich, diese Leistung nachträglich zu erbringen. Das bedeutet, der Verkaufsleiter muss diese Leistung unter allen Umständen einfordern, ob der Verkäufer nun will oder nicht. Das heißt im Klartext: nicht verkaufen, sondern fordern. Und häufig sind auch harte Schnitte zu machen. Diesen Spagat zwischen erlernten Verhaltensweisen und der Logik der Führungsarbeit muss die Fuhrungskraft meistern.

Was Verkaufsleiter nicht erwarten können, ist eine Prognosesicherheit bei der Führung. Führen ist komplex, nicht linear, und im Umgang mit Menschen gibt es viele unabhängige Variablen. Daher ist die Prognosesicherheit gegen Zufall gemessen gering. Die Aussagen »Wenn A gemacht wird, passiert B«, gibt es nicht. Was es aber gibt, ist die Führungsarbeit, die, wenn sie konsequent durchgeführt wird, erfolgreich ist. Wenn Sie zehn Maßnahmen setzen, werden wahrscheinlich nur sieben direkt erfolgreich sein. Beim Rest ist es wichtig, sie konsequent zu verfolgen. Schon diese wenigen Überlegungen zeigen uns, wie vielfältig und besonders die Führungswelt von Verkaufsleitern ist und wie wichtig es ist, sich mit dem Thema auseinanderzusetzen.

Kapitel 3

So sind Verkäufer

Wenn Führungskräfte Typen wie Primadonna, Diva, Regenmacher oder Rosinenpicker im Zusammenhang mit ihren Mitarbeitern hören, dann entstehen – wie bereits erwähnt – spontan Bilder im Kopf. Ein klassisches Beispiel ist die Diva – ein schwierig zu führender Verkäufer, meist ein Einzelkämpfer, ein sehr guter Verkäufer, der aber die Gruppe ruiniert. Dieser Typ spielt mich als Führungskraft bei meinen Chefs aus, akzeptiert mich nicht oder ignoriert mich. Die Diva ist auf jeden Fall ein interessanter Typ, aber immer verhaltensauffällig. Das sind nur einige Aussagen von Verkaufsleitern.

Verkäufer sind die vorderste Front des Unternehmens und die Speerspitze der Leistungsgesellschaft. In keinem anderen Bereich wirkt sich die Leistung so direkt auf die Unternehmensergebnisse aus wie bei Verkäufern. Daher ist die Leistung der wichtigste Ansatzpunkt für die Verkäuferführung. Was sind die Merkmale der Leistung von Verkäufern? Wovon hängen sie ab? Von angeborenen, geprägten, bewussten und unbewussten gelernten oder sozial erlernten Fähigkeiten und Eigenschaften? Und: Wieso erbringt ein Verkäufer in der gleichen Zeit, unter gleichen Voraussetzungen, mehr an Output als ein anderer? Kann man Leistung objektiv messen? Eines ist klar: Es gibt Fragen über Fragen, wenn es um das Thema Leistung geht. Und man wird niemals alle beantworten können.

Die stetige Leistungsverdichtung ist ein untrennbares Phänomen der Leistungsgesellschaft. Sie trifft heute alle Lebensbereiche einer modernen Gesellschaft in gleicher Weise. Wir müssen immer mehr und mehr leisten. Die Volkswirtschaften brauchen heute viel mehr Geld, um die Versorgung, die Gesundheit und das soziale Leben aufrechtzuerhalten, als es vor 100 Jahren der Fall war. Daher müssen wir neben reinen technologischen

Produktivitätsgewinnen auch mehr Leistung erbringen als bisher. Kein Mensch kann sich der Leistungsverdichtung entziehen und schon gar nicht die Verkäufer im Vertrieb. Die Frage, die sich hier stellt, ist: Wie können wir unser Leistungsverhalten anpassen, um den Anforderungen gerecht zu werden? Die Grundaussage ist hier, dass Verkäufer für das gleiche Gehalt jedes Jahr mehr leisten müssen. Daher muss jeder im Vertrieb lernen, mit einer immer höher werdenden Leistungsverdichtung umzugehen.[4]

Wenn wir uns die Einzelleistung von Verkäufern näher ansehen, dann erleben wir interessante Überraschungen. Die Bandbreite von Einzelleistungen von Verkäufern, die in ein und derselben Organisation tätig sind, kann gewaltige Ausmaße annehmen: Es kann erfolgreiche Verkäufer geben, die tatsächlich ein Vielfaches dessen an Verkaufsleistungen wie Umsatz oder Absatzzahlen erbringen, was andere, wenig erfolgreiche Verkäufer in der gleichen Verkaufsabteilung unter gleichen Bedingungen und Voraussetzungen schaffen. Die im Teil 2 dieses Buches beschriebenen Typen sind ein Beispiel dieses unterschiedlichen Leistungsverhaltens.

Die Leistungspräferenz

Jeder von uns hat unzählige Male in seinem Leben eine Veränderung seiner eigenen Leitungspräferenzen erlebt. Der beste Beweis für ein verändertes Leistungsverhalten ist der letzte Tag vor dem Urlaub, wo viele Menschen ihre Leistungspräferenzen automatisch verändern und plötzlich zu Leistungen fähig sind, an die sie vorher nicht gedacht hätten. Sie bewältigen zum Beispiel die Arbeitslast einer Woche in nur einem Tag. Unsere Leistungspräferenz bestimmt also unser aktuelles Leistungsverhalten. Was sind nun die wichtigsten Eigenschaften der Leistungspräferenz und wie entsteht sie?

Das ganze Leben wird durch Präferenzen bestimmt. Wir haben Präferenzen bei der Partnerwahl und wählen den Partner, der unseren Vorstellungen am besten entspricht. Bei der Berufswahl gibt es geschlechts- und bildungsspezifische Präferenzen, welche die Orientierung von jungen

Menschen beeinflussen. Und genauso ist es mit der Leistungserbringung. Auch hier haben wir eine Präferenz für ein bestimmtes Verhalten, das sich im Laufe der Zeit entwickelt hat. Was ist aber dabei zu beachten? Die Art, wie eine Leistung erbracht wird, ist bei jedem Menschen und bei jedem Verkäufer verschieden. Die Leistungspräferenz besteht aus Kompetenzen und Verkaufseigenschaften und es sind meistens zwei oder drei Verhaltensmuster und Kompetenzen, die bevorzugt eingesetzt werden. Diese bestimmen, ob man erfolgreich ist oder nicht. Dem Aufwandsverkäufer fehlt zum Beispiel der Pragmatismus in der Bearbeitung von Aufgaben. Diese Präferenz ist derzeit nicht vorhanden, sie ist aber erlernbar.

Was sind die persönlichen Voraussetzungen der Leistungserbringung? Menschen sind fähig, Außergewöhnliches zu leisten, wenn sie in erster Linie fleißig sind und das, was sie tun, gut können, es zusätzlich auch wollen und dürfen und ihnen die Arbeit obendrein noch Spaß macht. Aber wirklich leistungsfähig wird man erst, wenn man als Verkäufer eine Chance im Markt hat, also auch Kunden vorhanden sind, an denen man seine Leistung erbringen kann. Das sind nicht wenige Voraussetzungen. Treffen diese Bereiche im Idealfall zusammen, dann ist es möglich, erfolgreich zu sein. Das ist eine gute Basis für den Erfolg, aber leider nicht ausreichend. Echte Leistungsentfaltung entsteht erst durch den wiederholten Einsatz, also durch Fleiß. Ein weiteres Element von Leistung ist die Leistungserbringung zum richtigen Zeitpunkt. Wir müssen also nicht nur wollen und begierig sein, die Leistung zu erbringen, sondern das Wollen muss auch zur rechten Zeit erfolgen. Wichtig ist auch, hinter der Arbeit einen tieferen Sinn zu erkennen, denn je mehr sich dieser tiefe Sinn mit dem eigenen Wertesystem deckt, umso leichter und motivierter ist man auch bei harter Arbeit. Aus diesem komplexen Zusammenspiel entsteht die persönliche Leistungspräferenz von Verhaltensweisen und Kompetenzen. Und diese Präferenz bestimmt den Typ. Wir werden zwanzig unterschiedliche Typen kennenlernen, die alle eine etwas andere Leistungspräferenz haben.

Niemand kann sich komplett verändern. Wir alle haben angeborene Eigenschaften, die nicht abänderbar sind, viele Talente sind uns vorgegeben. Aber der Weg, wie eine Leistung erbracht wird, verändert sich und ist auch durch Führung veränderbar. Eine Leistungspräferenz ist nichts

Konstantes, sie entwickelt und verändert sich. Leistung entsteht nicht plötzlich und nicht von heute auf morgen, sondern geht vielfach interessante Wege, aber manchmal auch Irrwege in ihrer Entwicklung. Die meisten Verkäufer gehen zuerst einige Umwege, bevor sie ihre Höchstleistung erreichen. Das kann eintreten, wenn der Verkäufer seinen Erfolg zu schnell haben will. Seine Kunden sind noch nicht reif oder der Verkäufer noch nicht in der Lage, seine Kunden zu überzeugen. Damit wird er zum Kaltstarter. Welche persönlichen Eigenschaften unterscheiden also erfolgreiche Verkäufer von nicht erfolgreichen? Jetzt können wir diese Frage beantworten. Es sind nicht vorrangig die Eigenschaften, sondern es ist die Leistungspräferenz, die sie trennt.

Die Leistungsintelligenz

Gibt es so etwas wie den geborenen Verkäufer? Gibt es so etwas wie einen sechsten Sinn für das Verkaufen? Das sind zwei häufig gestellte Fragen, die ich immer wieder von Journalisten gestellt bekomme. Kann jeder das Verkaufen erlernen und wenn ja, wie ist das zu schaffen? Diese Frage zu beantworten, fällt mir nach 35 Jahren im Vertrieb und Verkauf nicht einfach. Viele Wissenschaftler sind auf der Suche nach dem Verkäufer-Gen. Das, was wir heute mit einem klaren Ja beantworten können, ist die Tatsache, dass es so etwas wie eine Leistungsintelligenz gibt, dass es Menschen gibt, die gelernt haben, wie das Erfolgreichwerden funktioniert. Und das ist ein Lernprozess, den man als Führungskraft bei jedem Verkäufer unterstützen kann.

Intelligenz ist grundsätzlich die Fähigkeit, mit Problemen fertig zu werden. Und diese Intelligenz steigt naturgemäß im Laufe der Jahre mit der Erfahrung. Es gibt die Leistungsintelligenz, die in der Regel eine biografische Intelligenz ist. Jeder, der Leistung erbringt, entwickelt seine eigene Leistungsintelligenz, die eine Sonderform einer sozialen, gepaart mit einer biografischen Intelligenz ist. Wie entsteht sie? Diese Intelligenz beginnt bei jungen Verkäufern zu entstehen, wenn sie lernen, zu verkaufen. Sie lernen, Wissen und Verhaltensweisen portioniert aufzunehmen und für sich selbst zu adaptieren. Dabei entsteht neues Wissen und es ist besonders wichtig, dieses Wissen mit dem biografischen Wissen um die eigene Person zu verbinden. Es ist wichtig, im Leben zu erkennen, welche Leistungsparameter sich bei einem selbst besonders leicht in Ergebnisse transferieren lassen. So erlernt man, eine Leistung im Einklang mit den persönlichen Bedürfnissen zu erbringen. Das macht meistens auch Spaß. Und wer Spaß hat, der lernt bekanntlich leichter. So beginnt die eigene Leistungsintelligenz zu wachsen.

Wenn es Leistungsintelligenz gibt, gibt es dann auch Leistungsdummheit? Ja, auch die gibt es und sie ist dann gegeben, wenn man nicht lernt, zu verstehen, wie eigene Verhaltensweisen und Leistung zusammenhängen.

Leistungsvergangenheit

Wie wird ein Verkäufer, was er derzeit ist? Die Frage steht im Raum, warum jemand das leistet, was er gerade leistet. Vor allem: Wann wird ein Mensch klar, mutig, kompromisslos, zielorientiert, herausfordernd, wild entschlossen und voll leistungsbereit? Was im Leben führt einen Menschen zu dem Punkt, ab dem er plötzlich Klarheit hat, der Leistungswirklichkeit ins Auge sieht und Ziele mit eigener Leistung zu erreichen versucht? Welche Erfahrungen muss man machen, um das zu tun? Gibt es einen Punkt, eine Wende im Leben, an dem es gelingt, plötzlich anders zu sein?

Viele Personaler, die sich auf Vertrieb spezialisiert haben, sind der Ansicht, dass es genau diesen Punkt gibt. Sie suchen diesen Wendepunkt in der Leistungsvergangenheit, der darauf hindeutet, dass dieses Verhalten möglich ist. Und auf der anderen Seite gibt es auch Menschen, denen es trotz vielfältiger Talente nicht gelingt, ziel- und leistungsorientiert zu sein. Bei der Rekrutierung von Verkäufern ist auf eine grundsätzliche Leistungsbereitschaft zu achten. In einer der größten europäischen Versicherungen wird genau der Punkt im Leben eines Menschen, der sich als Verkäufer bewirbt, gesucht, der darauf schließen lässt, dass dieser Bewerber entschlossen ist, die geforderte Leistung zu erbringen. Man sollte also

Menschen im Vertrieb anstellen, die prinzipiell den Entschluss gefasst haben, leistungsbereit zu sein. Das heißt aber noch nicht, dass sie die Leistung auch wirklich erbringen werden. Und genau hier ist der Ansatz für die Führung. Es ist quasi unmöglich, die Voraussetzungen zu verändern, die Auswirkungen aber sehr wohl.

Jede Leistungsintelligenz basiert somit auf einer Leistungsvergangenheit. Wer war ich damals und wer bin ich heute? Was habe ich damals für Leistungen vollbracht und was bin ich heute imstande zu leisten? Wie kann dann eine Führungskraft einen Mitarbeiter dazu bringen, wild entschlossen und zielorientiert zu sein?

Eine Führungskraft kann nur einen, der bereits entschlossen ist, die Leistung zu erbringen, fördern und unterstützen. Hier gilt: »hire for attitude and train for skills«. Die Entwicklung von Verkäufern ist kein langer, ruhiger, gerader Fluss. Es gibt viele Abzweigungen und es gibt auch mehrere Gefälle. Hier kann die Führungskraft ansetzen, unterstützen und fördern. Die Entscheidung für oder gegen Leistung hat aber der Mitarbeiter zu treffen. Die Entscheidung für oder gegen Leistung liegt laut Sprenger bei »dir«.[5] Das kann einem niemand abnehmen.

Der Erfahrungsschatz des Verkäufers

Es sind die Tausenden Begegnungen mit Kunden, bei denen Verkäufer akzeptiert oder abgelehnt wurden, bei denen Verkäufer Sympathie oder Antipathie erfahren haben; es sind die Erkenntnisse aus den gewonnenen und verlorenen Geschäften, Aufträgen und Projekten. Sie alle verdichten sich zu einem Erfahrungsschatz, der die Leistungsintelligenz eines Verkäufers ausmacht. Diese Erfahrung kann durch nichts wettgemacht werden. Welche Inhalte hat die Leistungsintelligenz eines Verkäufers? In der Intelligenz ist all die Erfahrung enthalten, die mit der eigenen Biografie zusammenhängt.

Je leistungsintelligenter der Verkäufer wird, desto mehr Verlass ist auf sein Bauchgefühl. Man kann die Leistungsintelligenz derzeit noch nicht wissenschaftlich vermessen; sie entsteht durch Erfahrung, Psychologie und viel Geschick. Ein guter Mediziner schaut bei einem Notfall nicht in viele Bücher und beginnt zu recherchieren. Er verlässt sich auf sein in vielen Jahren erworbenes Wissen, ohne über jeden Schritt seiner Handlungen nachzudenken. Ein guter Verkäufer riecht quasi das Problem des Kunden und kann ihm sofort helfen, es zu beseitigen. Ein erfahrener Verkäufer erkennt schnell, wo es Chancen gibt, und er weiß genau, wie er es anstellen kann, den Kunden zu unterstützen und zu überzeugen.

Die Leistungsmotivation

Wann verkaufen Verkäufer mit einem guten Gefühl? Immer dann, wenn sie motiviert sind. Und was motiviert sie? Woher nehmen Verkäufer die Kraft, kontinuierlich eine hervorragende Leistung zu erbringen? Wie kräftig und verlässlich ist das innere Kraftwerk, das sie mit Energie versorgt? Wann steht diese Energie zur Verfügung und in welcher Form? Und was passiert, wenn diese Leistungsquelle versiegt? Für die Leistungsmotivation im Vertrieb und Verkauf stehen verkürzt zusammengefasst folgende Kraftwerke zur Verfügung: das Geld, die Aufgabe, das Vorankommen und die Beziehungen zu Kunden. Sie können einzeln oder gemeinsam wirken und ihre Wirkungsweise kann sich im Laufe der Zeit verändern.

Das Geld

Ist Geld ein Motivator im Verkauf? Geld ist – so lautet die herrschende Lehrmeinung – nur ein kurzfristiger Motivator, ein Hygienefaktor. Geld soll eine Unzufriedenheit nehmen, aber nicht für immer zufrieden stellen. Diese Zufriedenheit hält nur wenige Wochen an. Das gilt unter bestimmten Umständen, vor allem bei etablierten Verkäufern. Bei den Einsteigern, bei den jungen Ehrgeizigen und bei den jungen Erfolgreichen ist Geld sehr wohl ein Motivator, der auch für eine relativ lange Zeit nachhaltig ist. Vor allem bei jungen Verkäufern, die noch etwas aus ihrem Leben machen wollen und sehr aufstiegsorientiert sind, trifft das zu. Gerade in Vertriebsorganisationen gibt es viele soziale Aufsteiger, die mehr aus ihrem Leben machen. Und soziale Aufsteiger und Verkäufer, die es im Vertrieb zu etwas bringen wollen, sind auch bei einem Teil ihrer Entwicklung durch Geld sehr wohl motivierbar. Geld macht vor allem dann glücklich, wenn man keines hat. Glücklich macht dabei nicht das Geld, sondern das, was man mit dem Geld alles machen kann, und vor allem sind es die Erlebnisse und der Status, den man sich mit Geld verschaffen kann. Geld ist also eine Hauptmotivation von nicht reich Geborenen und vielen jungen Verkäufern. Daher ist Geld ein an sich kurzfristiger Motivator, der aber zeitweise auch langfristig wirksam sein kann.

Die Aufgabe

Viele Verkäufer haben einfach Spaß an ihrer Tätigkeit. Sie stehen häufig vor dem Vorhang im Unternehmen, sie werden geehrt für ihre Erfolge. Erstens wollen Verkäufer Ruhm, das heißt, sie wollen bewundert werden, für das, was sie gerade geschafft haben. Die Aufgabe des Verkaufens kann für viele aufgrund der vielen Anerkennungsmöglichkeiten sehr motivierend sein. Zweitens: Viele Verkäufer wollen frei sein, daher lieben sie die Autonomie in der Ausübung ihres Berufs. Das ist es, was die Verkäufer in ihrem Beruf schätzen. Von vielen Menschen wird der Verkäufer als einer der letzten freien Berufe bezeichnet. Und hinter der Autonomie steht die Selbstbestimmung. Viele Verkäufer tauschen gerne eine hohe Leistung gegen die Autonomie. Drittens sind Verkäufer stolz auf ihre Arbeitsqualität. Wer im Verkauf hohe Trefferquoten erzielt, zieht alleine aus dieser Tatsache einen hohe Motivation.

Das Vorankommen

Die von den Vereinten Nationen als Zweite Welt bezeichneten Staaten zeichnen sich jetzt (verglichen mit der Ersten Welt) als »glücklichere« Staaten aus. Warum ist das so? Welche Entwicklung ist dafür verantwortlich? Länder der Zweiten Welt sind Länder, die wirtschaftlich wachsen und vorankommen. Das Gefühl der Bewohner dieser Länder, dass etwas weitergeht, dass sie vorankommen und dass es in Zukunft besser wird, bestimmt ihr Glück. Menschen, die vorankommen, haben eine höhere Wahrscheinlichkeit, neue Chancen zu sehen und positive Erfahrungen zu machen. Das ist ein sich selbst verstärkender Prozess. Aber leider gilt das auch umgekehrt: Wer nicht mehr vorankommt, läuft Gefahr, weniger Chancen zu sehen, da er sich in Situationen begibt, die aussichtslos sind. Deshalb ist es sehr wichtig, aus dem Zustand der Entschleunigung oder des Stillstands herauszukommen. Am deutlichsten wird das bei den Absteigern. Wer abzusteigen beginnt, bei dem ist die Gefahr sehr hoch, weiter abzusteigen. Wer weiterkommt, ist motiviert. Warum? Der am Wenigsten erforschte, aber meiner Ansicht nach wichtigste Antrieb im Vertrieb ist das persönliche und geschäftliche Vorankommen. Die Perspektive, dass es besser wird, ist für jeden Menschen wichtig und das gilt vor allem bei Verkäufern. Das Vorankommen kann dabei vielerlei bedeuten. Die zwei wichtigsten Ausprägungen jedoch sind das Vorankommen im Beruf, also das Aufsteigen; die zweite Form des Vorankommens ist der vertriebliche Erfolg bei den Kunden. Jeder Geschäftsabschluss ist ein Vorwärtsschreiten und damit ein Motivationsschub.

Die Kundenbeziehung

Kunden sind die Adressaten der Leistung, sie sind die Leistungsempfänger und sind damit eine wichtige Quelle der Motivation. Diese Form der Motivation ist bei vielen Verkäufern zu beobachten, die ihre Kunden über längere Zeit betreuen. Sie gehen zu ihren Freunden, lautet eine Aussage dieser Verkäufer. Viele erfolgreiche Verkäufer brauchen zur Motivation keine formellen Auszeichnungen. Niemand muss ihnen Sicherheit geben oder sie fördern. Alles, was sie für ihren Erfolg brauchen, sind Kunden, die ihre Leistung wertschätzen und sie für ihre Leistung bezahlen. Sie schauen auf die Qualität ihres Angebots und die Qualität der Betreuung. Sie werden von ihren Kunden geschätzt und respektiert und sind mit ihnen freundschaftlich verbunden. Das ist die Quelle der Motivation, ihre Leistung zu erbringen.

Verkäufer legen Wert auf sichtbaren Erfolg, wie Geld oder Anerkennung, auf das Weiterkommen, auf Arbeitsqualität bei der Erfüllung der Aufgabe, auf Sinnerfüllung und Autonomie im Beruf. Wenn die Adressaten ihrer Tätigkeit auch noch ihre Freunde sind, dann ist es kein Wunder, wenn sie täglich mit Begeisterung verkaufen gehen. Natürlich werden niemals alle Motivatoren immer zur Verfügung stehen, aber jeder gute Verkäufer hat seine eigene Auswahl an Motivatoren, die ihm täglich die Kraft geben, zu verkaufen.

Kapitel 4

Verkäufer typisieren

Ich war bereits fast jeder von diesen Typen! Das war die Aussage eines 58-jährigen Verkäufers, der seit einigen Jahren zu den besten Verkäufern seines Unternehmens zählt, seit 38 Jahren im Verkauf tätig ist und der sich zum ersten Mal mit der Typologie auseinandersetzte. Und das ist normal. Jeder Verkäufer durchläuft im Laufe seines Lebens sehr viel Typ-Phasen. Die Leistung, die ein Verkäufer erbringt, ist nicht konstant, denn die Leistungspräferenzen verändern sich im Laufe der Jahre. Daher kann ein und derselbe Verkäufer im Laufe seines Lebens ein unterschiedlicher Leistungstyp gewesen sein. Für die Veränderungen der eigenen Typologie gab es bei dem 58-Jährigen unterschiedliche Gründe: Einmal war es eine Veränderung in der Organisation, dann der eigene Hausbau, die Einführung eines neuen Produkts, mit dem sich der Verkäufer nicht identifizieren konnte, danach eine private Veränderung, ein neuer Verkaufsleiter, ein neues Dienstauto in einer niederen Autoklasse, aber auch die Geburt seines Kindes, eine nicht akzeptierte Reisespesenabrechnung – das waren alles Auslöser, die das Leistungsverhalten unseres Verkäufers geringfügig bis komplett veränderten. Er hat dabei vieles miterlebt: den Aufstieg, den Abstieg und schließlich den Wiederaufstieg.[6]

Unsere Typologie gibt jeder Leistung, die ein Verkäufer in einem Zeitraum erbringt, einen Namen. Diese Bezeichnungen sind die zwanzig Verkäufertypen. Sie beschreiben das aktuelle Leistungsverhalten eines Verkäufers. Die ersten Typologien von Verkäufern gab es bereits vor mehr als 50 Jahren und diese hatten Verkäufer zum Beispiel in Druckverkäufer, Beziehungsverkäufer und in Berater unterteilt. Etwa zur gleichen Zeit wurde eine Reihe von allgemeinen psychologischen Typologien entwickelt.[7] Unsere Typologie ist eine vorrangige Leistungstypologie und keine psychologische Typologie. In einer psychologischen Typologie werden zwar die Verhaltensmöglichkeiten erfasst, aber nicht, ob die präferierte Eigenschaft tatsächlich ausgeschöpft und angewendet wird. Bekanntlich gibt es viele Talente, die versagen. Vielen Menschen können Eigenschaften zugeschrieben werden, die sie aber im Berufsleben nicht einsetzen. Der große Unterschied zwischen unserer Typologie und den psychologischen Typologien ist die Berücksichtigung der Leistungswirklichkeit. In unserer Typologie ist die gemessene Leistung relevant und es wird die Leistungswirklichkeit durch eine Leistungsmessung bestimmt. Darauf aufbauend wird klassifiziert. Damit eignet sie sich hervorragend, um Menschen, die im Leistungsprozess stehen, zu kategorisieren. Wenn Menschen in keinem Leistungsprozess sind, und sich zum Beispiel um eine Stelle bewerben, dann ist dieses Verfahren ungeeignet, da die Grundlage der Bewertung wegfällt. Hier kann anstelle von Leistungspräferenzen mit klassischen psychologischen Tests gearbeitet werden.

Die Messung von Leistung

Warum ist es wichtig, Leistung zu messen? Warum sollen Verkäufer typisiert werden? Der Grund ist, dass bei der Leistungseinschätzung viele Fehler passieren. Bei Führungskräften sind Glaube und Wissen zwei voneinander unabhängige Bereiche. Der Glaube – man glaubt, ein Verkäufer ist gut oder schlecht – wird bei unseren Verkäufern stark von Vorurteilen und Erwartungshaltungen beeinflusst. Vor allem alte Geschichten vom tollen oder leistungsschwachen Mitarbeiter sind nur schwer aus den Köpfen zu bringen: »... Das habe ich von dem Herrn Z nicht erwartet, dass gerade er so schlecht abschneidet, das muss wohl eine Ausnahme sein ...« und »... der Herr X war immer so gut und ich habe immer gedacht, er ist ein Vorzeigemitarbeiter, stimmt denn die Berechnung der Leistung? ...« So oder so ähnlich ist die Reaktion von Führungskräften, wenn sie mit der Leistungswirklichkeit ihrer Mitarbeiter konfrontiert werden. Im besten Fall ist aber die Leistungswirklichkeit mit der Leistungseinschätzung der Führungskräfte identisch. Ausnahmen gibt es dann, wenn gegenüber den Mitabeitern Vorurteile bestehen. Das ist ein gefährliches Unterfangen beim Führen. Hat eine Führungskraft eine voreingenommene positive Einschätzung des Mitarbeiters, vielleicht weil der Mitarbeiter von der Führungskraft ausgewählt und rekrutiert wurde (»... der ist wirklich fähig ...«), wird sich dieses Vorurteil in vielen Bewertungen niederschlagen und bestätigen. Die Führungskraft signalisiert dem Mitarbeiter in vielen Situationen diese Erwartungshaltung durch Zuwendung oder bestimmte Antworten und Gesten. Genau so kann es auch umgekehrt sein. Eine Führungskraft übernimmt einen Mitarbeiter von ihrem Vorgänger (»... den hätte ich mir niemals ausgesucht ...«) und überträgt unbewusst ihre Einstellung auf diese Person. Der Mitarbeiter erkennt an vielen Äußerungen und Verhaltensweisen, dass er von der Führungskraft als leistungsschwach angesehen wird.

Messen der Arbeitsleistung

Eine Leistungsmessung basiert auf Leistungsmerkmalen einer Person, also zum Beispiel: Wie viele Angebote hat der Verkäufer seinen Kunden gemacht, wie viele Aufträge wurden abgeschlossen und welcher Umsatz wurde erzielt? Wie kann jetzt Leistung bei Verkäufern gemessen werden? Die ersten Leistungsmessungen waren Rankings: der beste Mitarbeiter des Monats oder der Top-Verkäufer des Unternehmens oder das Mitglied im 100-Prozent-Club. Bei den klassischen Rankings werden meistens Produktverkäufe und Umsätze in eine Rangordnung gebracht. Sie dienten dazu, die Leistung für das Unternehmen und für die Verkäufer untereinander sichtbar zu machen. Auf jeden Fall wurden damit die Ergebnisse transparent.

Klassifizieren der Verkäufer

Die Typologie dagegen beschreibt das Wesen des Verkäufers, wie etwa: Ist er ein Regenmacher oder eine Primadonna? Die Unterschiede zwischen den Typen sind kontinuierlich und die Übergänge fließend. Der Typ ergibt sich aus der Leistungsmessung, einer Kompetenz und dem Verkaufsverhalten.[8]

Wie schon gesagt: Die Basis unserer Klassifizierung ist die tatsächliche Arbeitsleistung des Verkäufers in einem bestimmten Zeitraum. Verkäufer werden damit eingeteilt und mit dieser Charakterisierung sollen sie zu höherer Leistung geführt werden. Das Ziel der Klassifizierung ist es, optimale Zielgruppen für die Führungsarbeit zu erhalten. Die hier vorliegende Klassifizierung beschreibt, wie die Dinge sind und nicht wie sie sein sollten oder sein könnten. Daher werden unsere Typen, Milieus und Gruppen immer in der Leistungswirklichkeit klassifiziert. Die so ermittelte Leistung bestimmt die Position und damit den Verkäufertyp. Dieser Typ kann sich zwischen zwei Messzeitpunkten verändern, er kann sich verbessern oder verschlechtern. Aber es wird immer die tatsächliche Leistung, die Leistungswirklichkeit, gemessen. So kann es vorkommen, dass bei einem psychologischen Potenzialtest ein Verkäufer ganz vorzügliche Talente und Potenziale im Vertrieb hat. In der Leistungswirklichkeit ist er aber ein leistungsschwacher Mitarbeiter.

Wenn wir einen einzelnen Typ gesondert betrachten, dann hat jeder der hier beschriebenen Typen einen Kernbereich, in dem die Beschreibung sehr genau zutrifft, und einen erweiterten Bereich, in dem diese Beschreibung nur in abgeschwächter Form gilt. Die Übergänge zwischen den Typen sind fließend. Je weiter sich die Klassifizierung vom Kern entfernt, desto ungenauer sind die Beschreibungen des Verkaufsverhaltens der Kompetenzen, aber auch der Eigenschaften.

Typen zeigen, wie Verkäufer denken und handeln, was sie zur Leistung motiviert und welche Leistung sie zu erbringen imstande sind. Typen geben Auskunft über Entwicklungspotenziale, sie prägen die Leitungsbereitschaft. Typen können sich in ihrem Leistungsverhalten verbessern. Verkäufer können mit dem Ziel, immer mehr und besser zu verkaufen, aufsteigen, aber sie können auch absteigen. Neben den Auf- und Absteigern unter den Verkäufern gibt es noch die Gruppe der erfolglos Aktiven. Sie sind engagiert, bringen aber nicht die gewünschten Ergebnisse. Verkäufer können auch in ihrem Typ »gefangen« sein. Daher gilt: Nur wer die Hintergründe, Leistungstrends und Selbstverständnisse jedes Typs kennt, kann leistungsgerecht führen.

Abbildung 2: Typen im Verkauf

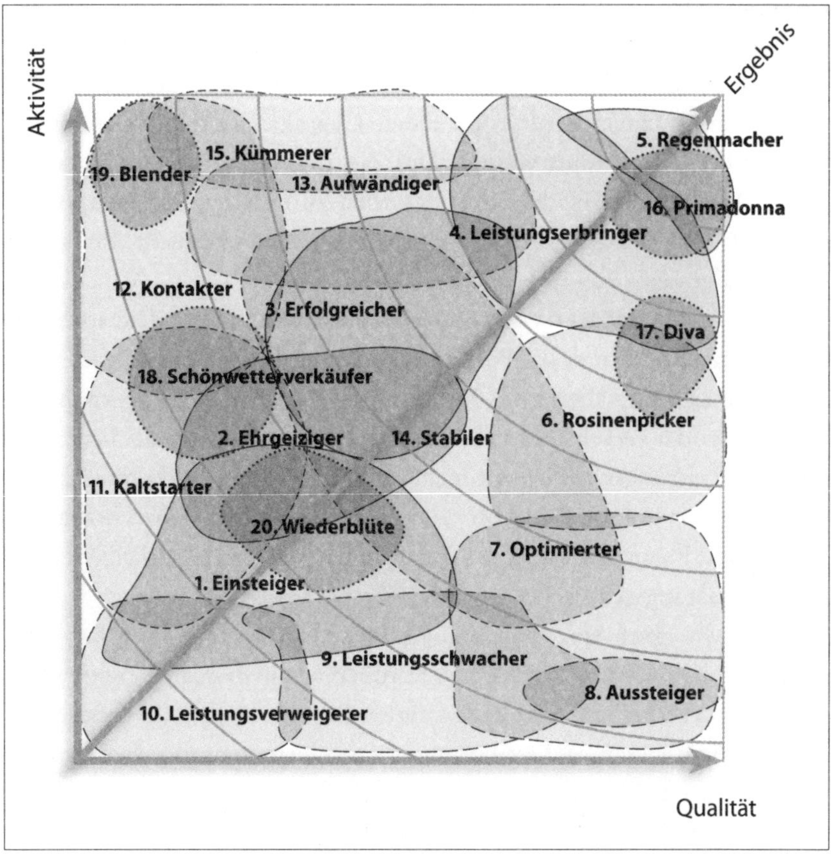

In den Forschungen wurden zwanzig Typen klassifiziert. Wer Typen klassifiziert, erkennt lauter alte Bekannte. Es kommt zu Wiederbegegnungen mit vielen Mitarbeitern, die man im Laufe seines Lebens kennengelernt hat. Interessante Ergebnisse erhält man, wenn man Verkäufer selbst schätzen lässt, welcher Typ sie sind und welchen Typ sie ihre Kollegen zuzuordnen würden. Verkäufer kennen ihr Leistungsverhalten, aber auch das ihrer Kollegen sehr genau und schätzen ihre Kollegen meist punktgenau ein. Der Grund ist einfach erklärt: Wenn die Leistung im Unternehmen transparent ist, dann ist auch Einschätzung durch andere Personen leicht. Einige Führungskräfte berichteten mir von einem Leistungsdiagramm, die sie anfertigten. Sie befragten dann die Verkäufer, wo sie sich einschätzen. Alle Verkäufer konnten sich und ihre Kollegen mit einer hohen Genauigkeit einzeichnen. Der Grund für die gute Einschätzung ist die hohe Transparenz im Vertrieb. Die Typen erklären das Leistungsverhalten und können aufzeigen, wohin die Reise geht, welche Möglichkeiten es gibt, aber auch welche Gefahren lauern.

Der »Typ, Gruppen und Milieu«-Schnelltest

Bevor wir zu klassifizieren beginnen, einige Vorbemerkungen. Das Wichtigste zuerst: Wenn Sie als Verkaufsleiter erfahren sind und es in Ihrem Vertrieb bereits transparente Leistungsstrukturen gibt, dann können Sie, wenn Sie die Logik verstanden haben und Ihre Mitarbeiter gut kennen, diese sofort und ohne Berechnung zuordnen. Warum? Wenn Sie die für Ihr Geschäft wesentlichen Rankings Ihrer Verkäufer im Kopf haben, dann ist es ein Leichtes, eine Zuordnung zu treffen. Und diese Zuordnung deckt sich in der Regel mit der gerechneten Variante.

Nun gelangen wir zu der methodischen Variante der Zuordnung: So bestimmen Sie Verkäufertypen, Verkäufermilieus und Leistungsgruppen. Durch mehrjährige Forschung ist es gelungen, die Leistungspräferenzen von Verkäufern zu bestimmen. Machen wir gemeinsam eine Einordnung Ihrer Mitarbeiter. Bestimmen Sie die Leistungspräferenzen Ihrer Mitarbeiter. Bei diesem Schnelltest geht es darum, Ihre Mitarbeiter rasch zuordnen zu können und erste Anhaltspunkte für ein optimales Führungsverhalten zu erhalten. Sie bekommen eine Orientierungshilfe zur Bestimmung von Führungsmaßnahmen. In der Verkaufspraxis ist es häufig so, dass die Vertriebscontroller die Leistungsmessung vornehmen und die Verkaufsleiter die Klassifizierung, also die Einteilung in Typen, Gruppen und Milieus. Für jede Klassifizierung ist das Wissen um die Verkäufer notwendig und mit diesem Wissen sind die Verkaufsleiter ausgestattet.

Wie können Sie nun Ihre Verkäufer typisieren? Wie können Sie Menschen mit gleichem Leistungsverhalten zusammenfassen? Sie können dabei folgendermaßen vorgehen:

Schritt 1: Daten vorbereiten und messen

Für eine Leistungsmessung benötigen Sie nur eine Handvoll Daten. Welche sind das? Leistung ist durch zwei Parameter bestimmbar: erstens durch Aktivitätskenngrößen und zweitens durch Ergebniskenngrößen. Eine Verschneidung dieser Kennziffern ergibt die Arbeitsleistung. Bereiten Sie folgende für Sie wichtige Ergebnis- und Aktivitätsdaten einer Periode für eine Leistungsmessung vor:

1. *Ergebnisdaten:* An erster Stelle steht in der Praxis meistens der Umsatz, an zweiter Stelle der Absatz und an dritter Stelle stehen Profit und Teilnahme an Aktivitäten. Legen Sie fest, welche Bestimmungsgröße in Ihrem Marktumfeld die Aussagekräftigste ist.
2. *Aktivitätsdaten:* Legen Sie fest, was in Ihrem Vertrieb konkret unter Aktivität von Verkäufern verstanden wird. Wählen Sie die wichtigste aller Aktivitäten aus. Häufige Nennungen sind: Kontakt, Telefonat, Termin, Präsentation, Probefahrt, Musterabgabe, Anfrage, Kundengespräch, Besuch beim Kunden.

Bestimmen Sie das Aktivitätsniveau jedes Mitarbeiters in einem bestimmten Zeitraum, unterteilen Sie es in hoch, mittel und niedrig und ordnen Sie jeden Verkäufer zu. Für eine erste rasche Zuordnung können Sie die Daten auch schätzen.[9]

Schritt 2: Positionieren der Verkäufer, Verschneiden der Aktivität mit dem Ergebnis

Die Leistungspräferenz kann in einem Diagramm dargestellt werden, wo auf der senkrechten Achse die Aktivitäten abgebildet (Kundenkontakte, Gesprächstermine, Anzahl der Angebote, Vorführungen) und auf der diametralen Achse Ergebnisse eingetragen werden. Jedes Ergebnis ist durch eine sogenannte ISO-Leistung bestimmt. Bei der ISO-Leistung wird auf jedem Punkt der Kurve das gleiche Ergebnis erzielt. Bestimmen Sie das

Ergebnisniveau (ISO-Leistung) jedes Verkäufers und verschneiden Sie es mit der Aktivität.

Ein Tipp: Viele Vertriebe ordnen ihre Verkäufer nach den erzielten Ergebnissen und verwenden dabei folgende Gruppenbildung: Die erste Gruppe besteht aus jenen Verkäufern, die in etwa 50 Prozent der Ergebnisse erzielen (über dem 50-Prozent-ISO-Ergebnis). Die zweite Gruppe bilden jene, die in etwa 40 bis 45 Prozent der Ergebnisse erzielen. Die dritte Gruppe sind jene, die zwischen 5 und 10 Prozent der Ergebnisse erzielen. Auch hier müssen Sie die Ergebnisse in ein Muster einteilen. Jene

Abbildung 3: Einordnung der Verkäufer in das Leistungsdiagramm

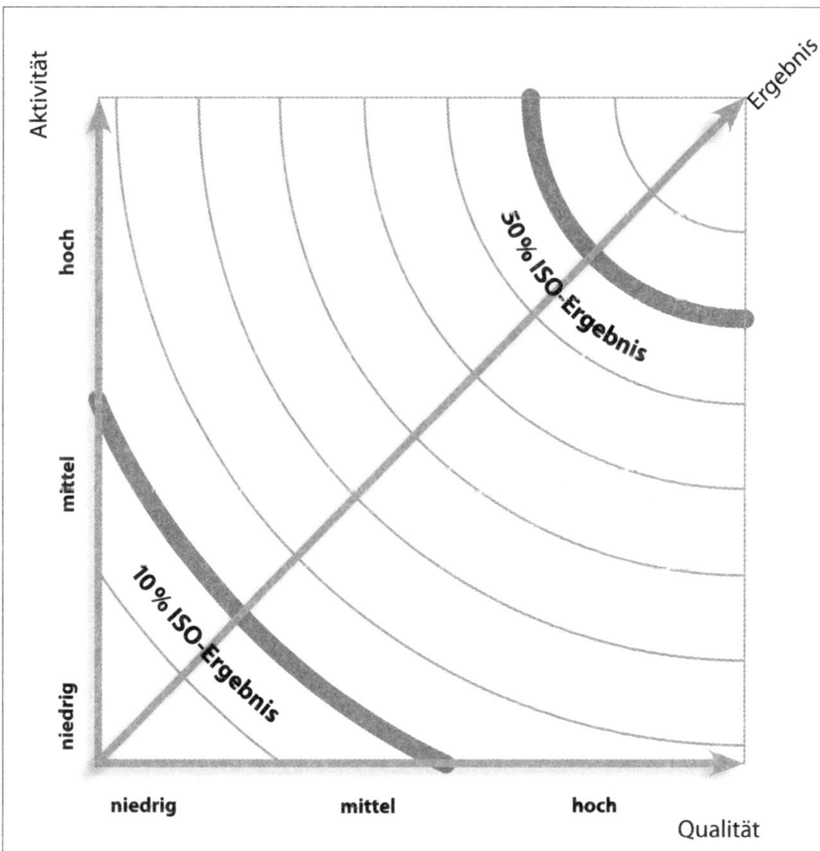

Mitarbeiter, die ungefähr 50 Prozente der Ergebnisse der Gesamtgruppe bringen, sind in die erste Leistungsgruppe einzutragen. In die zweite Leistungsgruppe tragen Sie jene Mitarbeiter ein, die in etwa 40 Prozent der Ergebnisse erwirtschaften. Die dritte Leistungsgruppe wird von den restlichen Mitarbeitern gebildet.

Bei der Bewertung von Aktionen können die Aktionsergebnisse herangezogen werden. Sie können auch anstelle der Ergebnisse den Zielerreichungsgrad von Ergebnissen eintragen.

Genauso wie es möglich ist, die Ergebnisse von Verkäufern in den Test einzutragen, kann auch der Zielerreichungsgrad eingetragen werden. Das ist vor allem dann der Fall, wenn die Themen oder die Kunden und Produkte, die von den Mitarbeitern verkauft werden, sehr unterschiedlich sind. Voraussetzung ist, dass die Ziele seriös und fair vergeben werden. Anhand von bestimmten Kennzahlen, zum Beispiel der Anzahl der Angebote, und von erzielten Ergebnissen kann jeder Mitarbeiter auch eine Selbsteinordnung durchführen.

Die Erfahrung hat gezeigt, dass zwischen einer spontanen Einordnung durch eine erfahrene Führungskraft, eine Einordnung des Mitarbeiters selbst und einer berechneten Einordnung kaum ein Unterschied besteht. In der Regel reicht es, Verkäufer nach Aktivität und Ergebnis zu positionieren, sodass sich die Qualität dann automatisch ergibt. So ist es möglich, in jedem Vertrieb eine Landkarte, sprich ein Portfolio der Typen, zu zeichnen.

Schritt 3: Auswertungen des Tests

Ordnen Sie nun jedem Ihrer Verkäufer einen Typ zu. Sie haben jeden Mitarbeiter im Leistungsdiagramm positioniert. Übertragen Sie die Verkäufer in das in Abbildung 4 gezeigte Typenportfolio. Wenn Sie die ISO-Leistung mit der Aktivität verschneiden, dann erkennen Sie die Position der Mitarbeiter. Der Schnittpunkt der ISO-Leistung mit der Aktivität ergibt den Typ. Jeder der positionierten Mitarbeiter kann jetzt einer von mehreren Typen sein. Die erste Positionierung dient nur der groben Orientierung. Da sich die Typen überlappen, müssen Sie jetzt festlegen, welcher Typ der Mitarbeiter tatsächlich ist. So kann eine bestimmte Position ein Leistungsschwacher, ein Einsteiger oder auch ein Kaltstarter sein. Sie wissen, wie lange der Mitarbeiter im Unternehmen ist und können einen

Abbildung 4: Typenportfolio

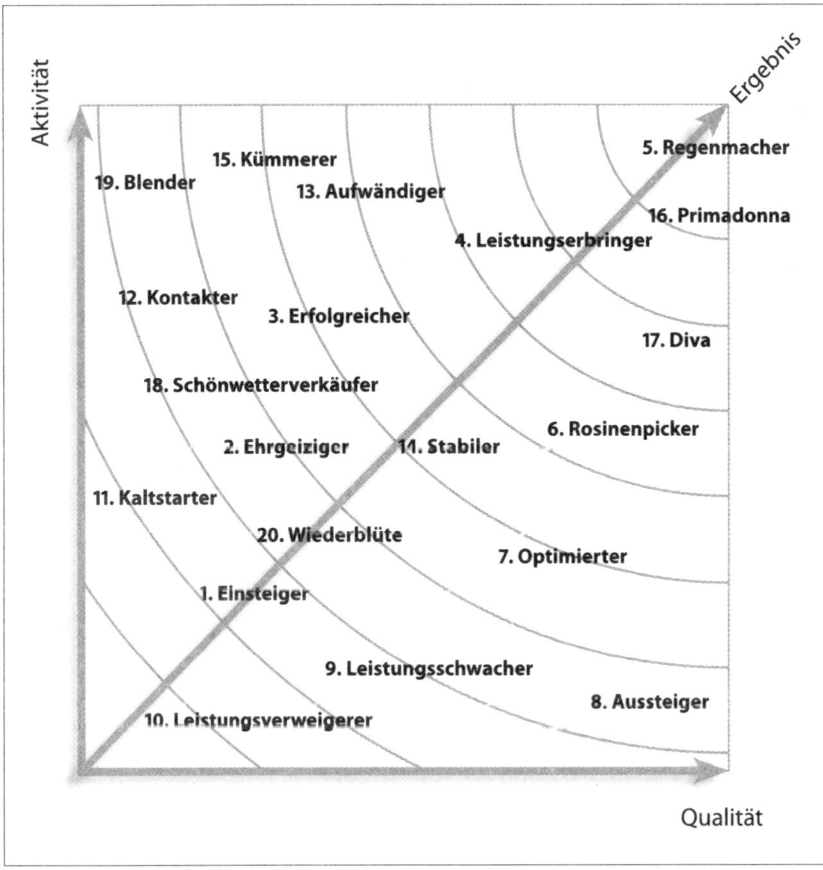

Einsteiger, der erst wenige Wochen im Unternehmen tätig ist, von einem Mitarbeiter, der bereits seit zehn Jahren dabei ist und einmal ein Leistungsträger war, leicht unterscheiden und dem entsprechenden Typ zuweisen.

Schritt 4: Den Typ und das Milieu bestimmen

Die Typen lassen sich durch die Aktivität und Qualität der Leistung bestimmen. Eine bestimmte Kombination der beiden Merkmale kann jeden Verkäufer zumindest einem, in Sonderfällen sogar zwei oder gar drei Typen zuordnen. So kann ein Punkt auf der Landkarte links unten zum Beispiel ein Leistungsverweigerer sein, der eine Untergruppe der leistungsschwachen Verkäufer ist, aber es kann auch ein junger Einsteiger in den Verkauf sein. Vor allem, wenn Sie als Führungskraft coachen oder betreuen wollen, ist es wichtig, zu bestimmen, welcher Typ Ihr Mitarbeiter ist.

Nun können Sie Ihre Verkäufer dem Milieu zuordnen. Betrachten Sie die Abbildungen 5, 6 und 7 und legen Sie fest, welchem Milieu der Verkäufer nun angehört. Um das Leistungsverhalten zu verbessern, soll klargemacht werden, welcher Typ der Verkäufer ist und wie er sich weiterentwickeln kann.

Die Leistung von Verkäufern ist nicht konstant und verändert sich ständig. Wann wird also eine Neuvermessung der Leistung notwendig? Hier ist es schwer, etwas Allgemeines zu sagen, da dies sehr stark von den Märkten und den Kunden abhängt. Bei einer statischen Betrachtung sollte die Leistung mindestens im Jahresrhythmus gemessen und dargestellt werden. Bei der dynamischen Betrachtung wird die Leistung in mehreren Aktionszeiträumen gemessen und dargestellt. Es ist daher logisch, dass Leistungsmessungen in kürzeren Intervallen bessere Ergebnisse bedeuten.

Ist der positionierte Verkäufer ein Aufsteiger?

Die Aufsteiger sind:

- ***Der Einsteiger:*** engagiert, ohne Erfahrung, strebt nach beruflicher Etablierung, ist anpassungswillig und formbar.
- ***Der Ehrgeizige:*** engagiert, mit erster positiver Resonanz bei seinen Kunden, zielstrebiger Anpassungswilliger mit hoher Leistungsbereitschaft.

Abbildung 5: Die Aufsteigertypen

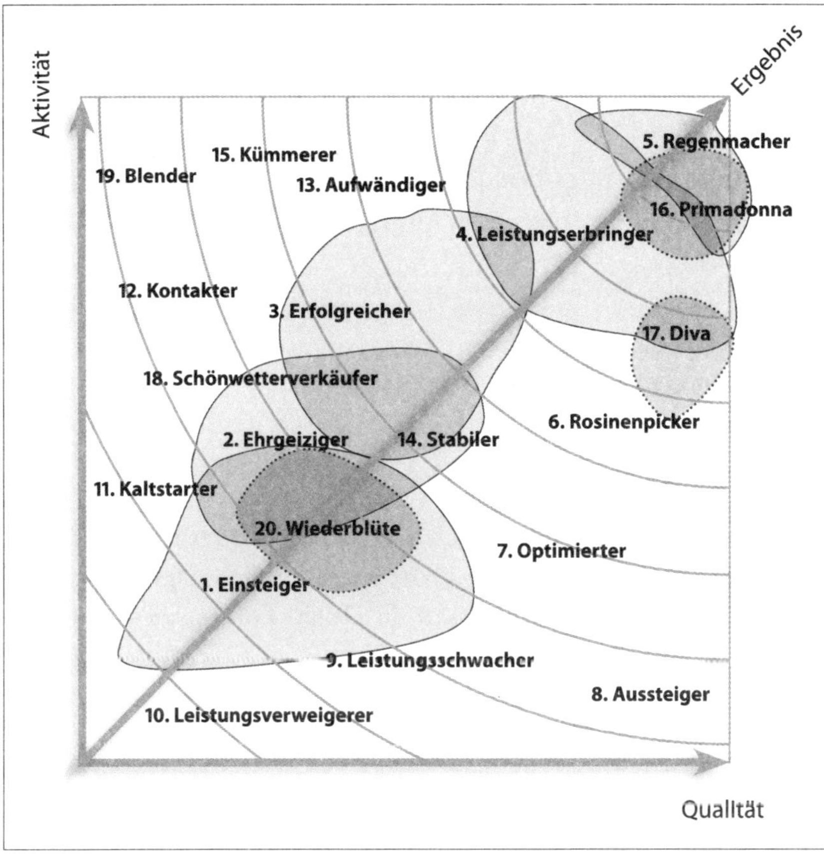

- ***Der Erfolgreiche:*** leistungsfreundlicher Verkäufer mit Optimierungspotenzial, effizienz- und effektivitätsorientierter Leistungsbefürworter mit dem Wunsch, sich beruflich zu etablieren.
- ***Der Leistungserbringer:*** Leistungsträger mit Potenzial, stabile Leistungsbasis des Unternehmens.
- ***Der Regenmacher:*** Leistungsintelligenz des Unternehmens, die erste Wahl beim Kunden, kundenfokussierte und belastbare Leistungselite des Unternehmens.
- ***Die Primadonna:*** öffentlicher Erfolgsdarsteller, individualistische Per-

sönlichkeit, die Erfolg und Können zeigt, mit starkem Wunsch nach Selbstbestimmung.

- ***Die Diva*** (teilweise)*:* die Prinzessin im Verkauf, unkonventionelles Verhalten, sucht nach Grenzen bei einer hohen Leistungsbereitschaft.
- ***Die Wiederblüte:*** unspektakulärer Aufsteiger, der wiederauferstandene Verkäufer, verfolgt nach einem Abstieg wieder konsequent die Unternehmensziele.

Ist der positionierte Verkäufer ein Absteiger?

Die Absteiger-Typen sind:

- ***Der Rosinenpicker:*** schonungsorientiertes Leistungsverhalten und der »erfolgreiche Absteiger«, abgeklärte ehemalige Leistungselite mit dem Wunsch, mit weniger Einsatz die gleiche Leistung zu erbringen.
- ***Der Optimierte:*** kompetenter Leistungsvermeider, verweigert sich den Aktivitätserwartungen bei gleichzeitig hoher Kompetenz.
- ***Der Aussteiger:*** geringe Leistungsbereitschaft und keine Deckung persönlicher Ziele mit dem Unternehmensziel, unauffällig anwesender Minderleister. Zeigt hohe Leistungsbereitschaft außerhalb des Unternehmens, ist mit seiner beruflichen Stellung zufrieden und fühlt sich in seiner Situation als Gewinner.
- ***Der Leistungsschwache:*** Leistungsschwäche mit wenig Perspektive, Aktivitäts- und Qualitätsdefizite, jedoch gleichzeitig um Teilnahme bemüht.
- ***Der Leistungsverweigerer:*** innerlich gekündigt und auf der Suche nach Neuem, führungs-, coaching- und beratungsresistenter Mitarbeiter ohne Zielorientierung und Leistungstreben.
- ***Die Diva:*** die Prinzessin im Verkauf, unkonventionelles Verhalten, sucht nach Grenzen bei einer hohen Leistungsbereitschaft.

Abbildung 6: Die Absteigertypen

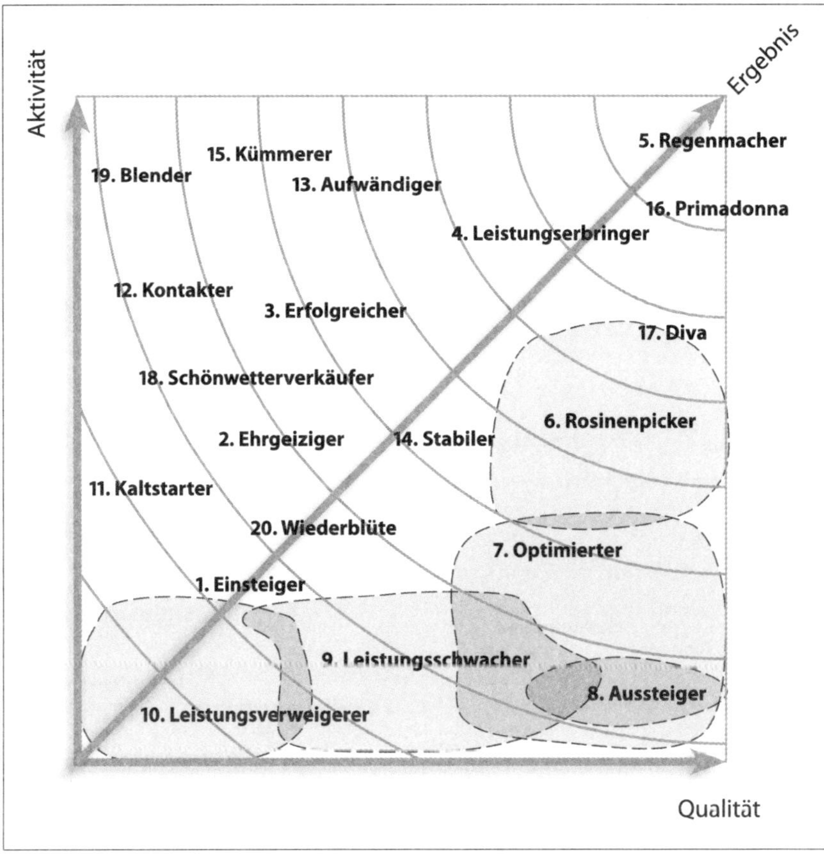

Ist der positionierte Verkäufer ein Beobachter?

Die Beobachter sind:

- ***Der Kaltstarter:*** motivierte plan- und ziellose Aktionitis, stark bemühter und begeisterungsfähiger Verkäufer mit Kompetenzdefiziten.
- ***Der Kontakter:*** der Leere-Kilometer-Verkäufer, sehr kontaktfreudig, aber ohne Verkaufserfolge.
- ***Der Aufwändige:*** bemühter Unterstützer, fleißig, mit geringem Aufwands- und Zeitoptimierungsverhalten.

- ***Der Stabile:*** der freundliche Verkäufer, mittelmäßige, aber stabile Leistung, anpassungswillig, mit hohen Integrationsbestrebungen und moderater Leistungsbereitschaft.
- ***Der Kümmerer:*** hilfsbereite oder detailorientierte Effektive mit geringer Effizienz, Mitarbeiter mit dem höchsten Betreuungsaufwand, der berufliche Etablierung sucht.
- ***Der Schönwetterverkäufer:*** vertriebliches Mauerblümchen mit guter Arbeitsbilanz, jedoch ohne nennenswerte Resultate, der ewige Zweite.
- ***Der Blender:*** der Angeber und Aufschneider, mehr Schein als Sein.

Abbildung 7: Die Beobachtertypen

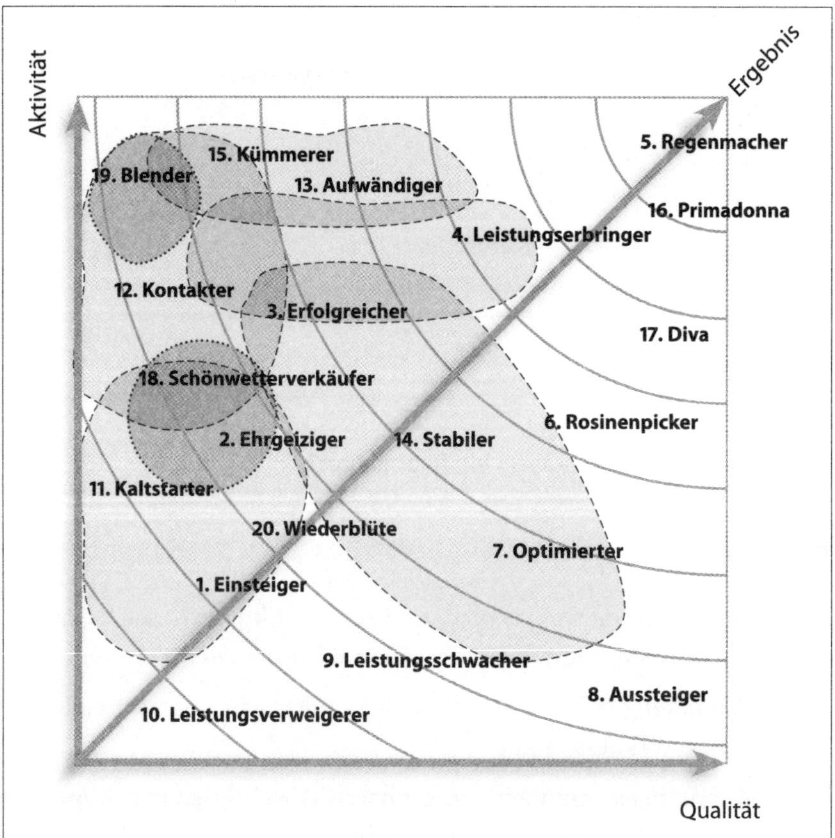

Eine detaillierte Beschreibung aller Typen finden Sie im zweiten Teil des Buches.

Schritt 5: Festlegen der Leistungsgruppen

Im letzten Schritt werden die positionierten Verkäufer einer Leistungsgruppe zugeordnet. Hier wird nach Leistung klassifiziert und geordnet (vgl. dazu Abbildung 8):

- ***Leistungsgruppe 1:*** effizienzorientierte Leistungsträger des Unternehmens, die einen großen Anteil der Ergebnisse erwirtschaften.
- ***Leistungsgruppe 2:*** leistungs- und anpassungsbereite Mehrheit der Verkäufer mit einem großen Hang zu vertrieblichem Pragmatismus und Transparenz.
- ***Leistungsgruppe 3:*** leistungsschwache Verkäufergruppe mit unterdurchschnittlichen vertrieblichen Resultaten.

Eine detaillierte Beschreibung der Leistungsgruppen finden Sie im dritten Teil des Buches.

Der Schnelltest ist vorwiegend für Führungskräfte geeignet, die ihre Mitarbeiter auch persönlich kennen. Weniger geeignet ist dieser Test für Studenten und Berater, die ihn ausschließlich auf der Grundlage von vorgegebenen Daten durchführen. Für diese Zielgruppe empfehle ich die mathematisch exakten Methoden zur Berechnung von Leistungsportfolios.[10] Aber Vorsicht: Die hier getroffenen Aussagen gelten nur unter bestimmten Umständen. Erstens: Sie können nur vergleichen, was auch vergleichbar ist. Wenn Verkäufer in völlig unterschiedlichen Strukturen arbeiten, dann ist die Vergleichbarkeit unter den Verkäufern nicht gegeben. In diesem Fall kann nur die Entwicklung eines Verkäufers bestimmet werden. Die zweite Forderung ist: möglichts fair sein! Nicht jeder Verkäufer hat die gleiche Kundenstruktur, auch nicht die gleichen Potenziale in dem Gebiet, das er betreut. In diesem Fall ist es wichtig, Korrekturfak-

Abbildung 8: Leistungsgruppen

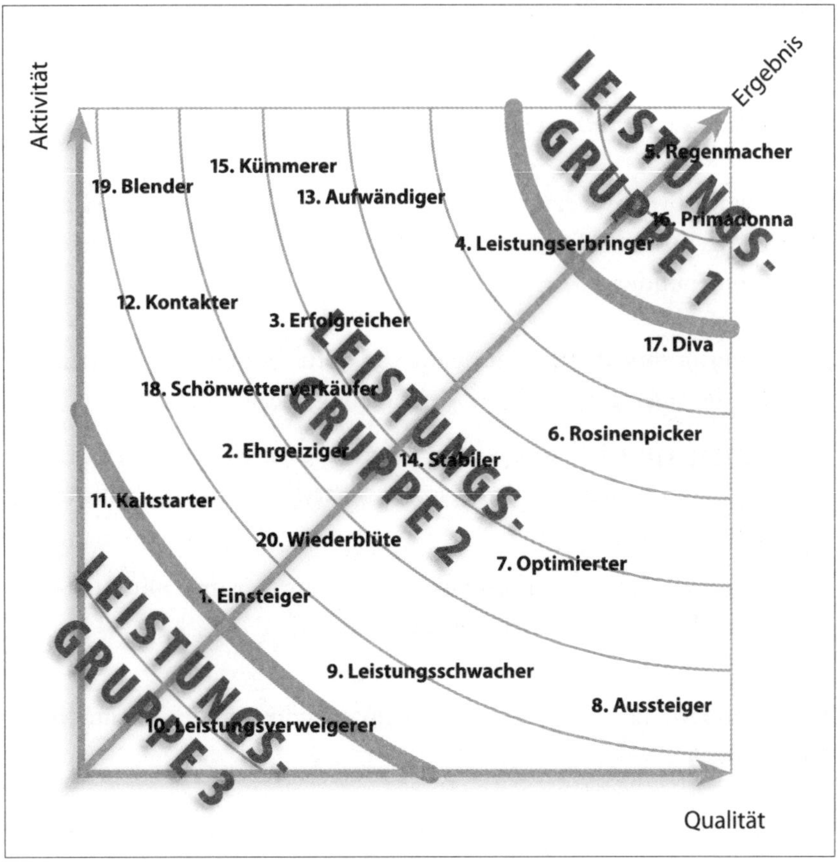

toren einzuführen. Generell bergen Typologien die Gefahr der Übersimplifizierung, bieten aber den Vorteil, dass sie rasch zu einem Erkenntnisgewinn gelangen. Betrachten Sie dieses Modell als ein Erklärungsmodell des Leistungsverhaltens Ihrer Mitarbeiter.

Um es auf den Punkt zu bringen. Der wichtigste Grund für den Einsatz in der Praxis ist die geringe Störanfälligkeit des Modells und die in der Regel vorhandenen Daten, die zur Typisierung notwendig sind. Wir verwenden die Leistungsmilieus, um Verkäufer typgerecht führen zu können. Wenn Sie Verkäufer nun klassifiziert haben, können Sie im zweiten

Teil des Buches erfahren, wie die Typen zu führen sind. Im dritten Teil erfahren Sie, wie Gruppen und Milieus zu führen sind.

Exkurs: Warum das Modell funktioniert

Bei vielen der vorhandenen Typologien wird man das Gefühl nicht los, dass es sich um Kaffeesatzlesen oder um die Deutung eines Horoskops handelt. Hier geht es nicht um ein flüchtiges Instrument oder um einen Modetrend, sondern um eine Weiterentwicklung der Leistungsmessung im Bereich des Schlagzahlmanagements rund um das Thema Führung von Verkäufern. Seit 1998 wurden zu diesem Thema Forschungsarbeiten bei der Leistungsmessung und Leistungsentwicklung durchgeführt. Dabei wurden sowohl auf wissenschaftlicher Ebene als auch bei vielen Unternehmen Verkäufer analysiert und zugeordnet. Insgesamt wurden in dieser umfassenden Forschungsarbeit seit 1998 mehr als 3 000 teilweise bis zu vierstündige Interviews mit Verkäufern und Verkaufsleitern durchgeführt. Als Messdaten standen dem Autor dabei mehr als 35 000 Verkäufer-Messpunkte, die von den Vertriebscontrollern teilweise oft über mehrere Jahre beobachtet und ausgewertet werden konnten, zur Verfügung. Bei einigen Unternehmen war der Autor über 15 Jahre lang als Leistungscoach für die Vertriebsmannschaft tätig und konnte dadurch die Entwicklung der Verkäufer genau verfolgen.

Sie können im Prinzip das Modell in zwei Bereichen einsetzen. Erstens bei einer Gesamtbetrachtung der Leistung eines Mitarbeiters. Hier ist es möglich, seine augenblickliche Leistung zu bestimmen und den Entwicklungspfad, auf dem er zu dieser Leistung gekommen ist, aufzuzeigen. Bei so einer Gesamtbetrachtung werden alle Leistungen über einen langen Zeitraum betrachtet und man erhält das Gesamtbild der Leistung. Das eignet sich erstens überall dort, wo die Leistung des Mitarbeiters klar und unmissverständlich ist. Das heißt, nur der Mitarbeiter ist für die Erbringung der Leistung verantwortlich. Zweitens kann dasModell in einer zeitlich begrenzten Aktions- oder Kampagnenleistung eingesetzt werden. Hier wird in einem klar definierten Zeitraum – wie in etwa sechs

Wochen – die Leistung gemessen und ausgewertet. Bei einer Aktionsbetrachtung über einen Aktionszeitraum wird ein Teilaspekt der Leistung der Mitarbeiter betrachtet und bewertet. Viele auch nicht-leistungsorientierte Organisationen verwenden die Aktionsbetrachtung, um zumindest eine teilweise adäquate Leistungsmessung im Unternehmen durchführen zu können. Damit können auch Organisationen, in denen das Vermessen der Leistung schwierig ist, eine Leistungsfeststellung machen.

Teil 2

Verkäufertypen – Wie Sie die Leistung jedes Verkäufers steigern

Im zweiten Teil des Buches werden Sie vier große Gruppen von Verkäufertypen kennenlernen. Erstens die Aufsteiger (Typ 1–5): Sie unterteilen sich in den Einsteiger, den Ehrgeizigen, den Erfolgreichen, den Leistungserbringer und den Regenmacher. Zweitens die Absteiger (Typ 6–10): Sie gliedern sich in den Rosinenpicker, den Optimierten, den Aussteiger, den Leistungsschwachen und den Leistungsverweigerer. Drittens die Beobachter (Typ 11–15): Sie bestehen aus dem Kaltstarter, dem Kontakter, dem Aufwändigen, dem Stabilen und in dem Kümmerer. Viertens die Subtypen (Typ 15–20): Sie bestehen aus der Primadonna, der Diva, dem Schönwetterverkäufer, dem Blender und der Wiederblüte. Das sind in Summe unsere zwanzig Verkäufertypen und jeder Typ ist eine eigene Zielgruppe der Führung.

Je naher die Typen beieinander sind, umso mehr ähneln sie sich in ihrem Leistungsverhalten, und je weiter sie voneinander entfernt sind, umso mehr unterscheiden sie sich. Verkäufertypen unterscheiden sich untereinander durch Ergebnisse und dadurch, mit welchem persönlichen Einsatz diese Ergebnisse erreichet werden. So kann ein und dasselbe Ergebnis einmal mit *vielen* Aktivitäten und *geringer* Qualität der Ausführung, aber auch mit *wenigen* Aktivitäten und einer *hohen* Qualität der Ausführung erreicht werden. Das ergibt dann bei einem gleichen Ergebnis einen unterschiedlichen Verkäufertyp.

Abbildung 9: Die zwanzig Verkäufertypen

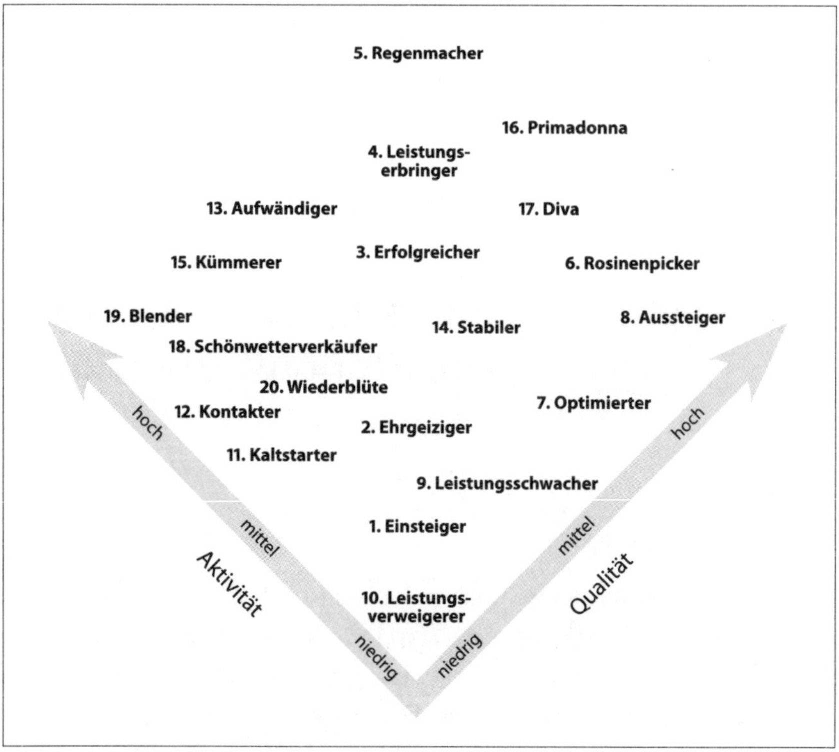

Hier wird vor allem gezeigt, wie Sie als Führungskraft die *Einzelleistung* jedes Mitarbeiters steigern können. Im dritten Teil des Buches betrachten wir dann die Gruppenleistung. Unsere Herangehensweise ist, die Leistung jedes Mitarbeiters zu betrachten und durch Führung im Idealfall zu halten oder positiv zu entwickeln. Dabei steht der einzelne Mitarbeiter in seinem augenblicklichen Entwicklungsstadium im Vordergrund. Wir gehen von der Hypothese aus, dass ein Erbringen einer hohen Leistung ein anstrebenswerter Zustand ist. Hier geht es also nicht nur darum, die augenblickliche Leistung aufzuzeigen, denn das ist nur der erste Schritt. Wir wollen hier auch zeigen, wie die Leistung des Verkäufers gesteigert werden kann. Eine hohe Leistung zu erbringen, hat sowohl für die Person, die eine Leistung erbringt, als auch für das Unternehmen einen Vorteil. Diese Aussage ist üblicherweise sehr umstritten. Wie Sie aber sehen werden, hat das Erbringen von Leistung im Vertrieb auch sehr viel mit dem persönlichen Wohlbefinden zu tun. Um die Einzelleistung von Verkäufern zu steigern, ist es zuerst einmal wichtig zu wissen, wie unsere Verkäufertypen denken und wie sie motiviert sind, also welche Zielorientierung und Leistungsbereitschaft sie besitzen. In diesem Teil des Buches geht es darum, die Leistungspräferenz der Typen zu verstehen und zweitens Führungsmaßnahmen zu setzen, um den Mitarbeiter weiterzuentwickeln und die Einzelleistung zu steigern.

Mobilität von Typen

Die Aufwärtsmobilität der Typen ist im Verkauf höher als in allen anderen Unternehmensbereichen. Der Hauptgrund ist, dass es keine formale Qualifikationsdecke für die besten Verkäufer gibt. Wer in der Technik, im Marketing, im Personalbereich aufsteigen will, der benötigt ausgefeilte berufliche Qualifikationssysteme. Im Vertrieb steigt derjenige auf, der eine Leistung erbringt. Es gibt im Vertrieb keine Qualifikationsbarriere. Wer verkaufen kann, der steigt auf!

Wie lange dauert der Aufstieg zu immer höherer Leistungsfähigkeit und wie schnell können Verkäufer absteigen? Auf- und Abstieg in einem sozialen System sind ganz normale Vorgänge, die grundsätzlich mit, aber auch ohne Einfluss einer Führungskraft ablaufen. Als Führungskraft haben Sie die Möglichkeit, Aufstiegsprozesse zu fördern, und Abstiegsprozesse abzuschwächen oder umzukehren. Der als »Ochsentour« bekannte Effekt, der das Erreichen erster Verkaufserfolge als eine mühsame, schwere Aufgabe beschreibt, ist meist der Einstieg für Verkäufer. Es ist ein mühsames Heraufdienen mit dem Ziel, einmal erfolgreich zu werden. Wer neu im Verkauf ist, der muss diesen beschwerlichen Weg gehen. Viele erfahrene Verkäufer berichten von den Anstrengungen, von den Mühen und Plagen in der ersten Zeit des Verkaufens. Und viele sind der Ansicht, dass diese eigene Ochsentour unbedingt notwendig ist und ein Fehlen dieser Erfahrung der Grund ist, warum Verkäufer, die diesen Prozess nicht machen mussten oder wollten, häufig scheitern. Es ist ein verdammt harter Job, sich Kunden und einen Markt aufzubauen. »Hart aber ehrlich«, lautet die Aussagen vieler Verkäufer und Unternehmer, die den ersten Markerfolg bereits eingefahren haben. Ja, bei der Leistung gibt es eben kein Erbe, bei dem man sich in ein gemachtes Nest setzt.

Als nächstes ist zu klären, wie lange so ein Aufstieg durchschnittlich *dauert*, also die Zeitspanne, in der sich ein Verkäufer vom Einsteiger bis zum Regenmacher entwickeln kann. Als wir im Rahmen eines Forschungsprojekts Spitzenverkäufer interviewten, dokumentierten wir nebenbei die Zeit, wie lange sie schon im Verkauf tätig waren. Dabei erkannten wir, dass über viele Branchen hinweg im Durchschnitt nahezu alle Spitzenverkäufer mindestens sieben Jahre im Unternehmen, in der Branche oder mit ähnlichen Produkten oder in ähnlich funktionierenden Märkten gearbeitet hatten. Im Durchschnitt dauert es also 10 000 Stunden, bis ein Verkäufer zu seinen Höchstleistungen gelangen kann. Je erklärungsbedürftiger dabei das zu verkaufende Produkt war, umso länger dauerte der Prozess. Beim Telefonverkauf von Medien konnte zum Beispiel die kürzeste Zeit vom Einsteiger bis zur Spitzenkraft gemessen werden. Das bedeutet, dass vom Einstieg in den Verkauf bis zum Erreichen des Regenmacher-Status durchschnittlich bestenfalls ein Zeitraum von sieben Jahren vergeht. Aber nicht jeder erreicht die höchsten Leistungsstufen. In der Regel sind es nur 3 Prozent der Verkäufer, die sich in einem Schritt vom Einsteiger bis zum Regenmacher entwickeln. 97 Prozent aller Verkäufer entwickeln sich also vom Einsteiger in vielfältige andere Typen. Oder sie gehen einen Teil des Weges im Aufsteigermilieu und weichen dann davon ab. Ein Abstieg kann sehr rasch passieren. Die Frage ist hier eher, ob es die Führungskraft merkt, dass sich ein Verkäufer bereits auf den Abstiegspfad befindet.

Auch der Startpunkt des Aufstiegs ist interessant. Wo beginnt der Weg als Aufsteiger? Hat der Verkäufer bereits in einem anderen Unternehmen das Verkaufen gelernt? Hat er noch niemals vorher verkauft? Hat er im gleichen Unternehmen in einer anderen Abteilung gearbeitet und ist dann erst Verkäufer geworden? Natürlich korreliert auch eine Leistungstypologie mit der Zeit, in der man bereits vertrieblich tätig war. Was passiert, wenn Verkäufer älter werden? Sie können schneller beschleunigen. Die biografische Intelligenz, also die individuelle Verkaufserfahrung des Verkäufers, ist in hohem Ausmaß bereits vorhanden. Wer Erfahrung im Verkauf sammeln konnte, kann rascher wieder aufsteigen. Dies ist eine banale, aber wichtige Erkenntnis aus dem Leistungsverhalten der Aufsteiger. Ein Verkäufer, der schon einmal einen Aufstieg zur Leistungselite geschafft hat, tut sich leichter, es nochmals zu schaffen, wenn er das Unternehmen wechselt. Der Verkäufer, der schon einmal abgestiegen ist und nun wieder aufsteigt, beschleunigt rascher zu einer höheren Leistung. Das ist zwar keine zwingende Voraussetzung, aber es ist davon auszugehen, dass erfahrene Verkäufer die Spielregeln des Aufsteigens eher beherrschen als junge.

Privilegierung und Diskriminierung

Es gibt Verkäufer, die mehr Leistung erbringen, und es gibt Mitarbeiter, die weniger leisten. Mit der Entscheidung zur Einteilung in Leistungstypen ist eine *Privilegierung* von bestimmen Gruppen verbunden, die auf der anderen Seite zu einer *Diskriminierung* von anderen führt. Wo ist dieses Vorgehen angebracht und zielführend und wo nicht? Der Zweck jedes unternehmerischen Handelns ist es, Ergebnisse zu erzielen, und die Ergebnisse werden durch den Einsatz von Leistung erreicht. Wenn jetzt jemand aufgrund seiner Leistung diese Privilegierung erhält, dann ist das durchaus legitim. Diese Mitarbeiter können bevorzugt werden, sie können sich Dinge erlauben, von denen die anderen vielleicht nur träumen können. Jede Privilegierung von Mitarbeitern aus anderen Gründen – wie etwa aus einer psychologischen, religiösen, geschlechtlichen, politischen Typologie –, ist abzulehnen.

Die einzigen Voraussetzungen für eine Privilegierung durch Leistung sind Fairness und Transparenz. Das *Erste* und auch das Wichtigste ist hier die Fairness. Das bedeutet, dass es grundsätzlich möglich sein muss, die Leistung zu erbringen, und dass ein hohes Maß an Kunden- und Gebietsgerechtigkeit vorhanden sein sollte. Alle, die im Verkauf arbeiten, wissen, dass man das niemals zu 100 Prozent erreichen kann, aber es sollte immer das Bemühen vorhanden sein, es anzustreben.

Die *zweite* wichtige Forderung für eine Privilegierung durch Leistung ist die bedingungslose Transparenz. Eine bedingungslose Transparenz von Leistung bedeutet nicht nur, die Ergebnisse transparent zu machen, sondern auch, wie sie zu erreichen sind. Eine Privilegierung, die nicht auf Fairness beruht, wird von den Verkäufern über kurz oder lang torpediert. Eine Privilegierung ohne Transparenz kann bei den diskriminierten anderen Mitarbeitern durch innere Kündigung, Motivationsverluste und resignierendes Verhalten begleitet sein.

Die *dritte* Forderung ist: Unterstützen Sie keinen öffentlichen Pranger. In vielen Organisationen ist es sinnvoll, etwas zurückhaltend mit den Leistungsdaten sein. Es ist ein Unterschied, ob Sie die Leistung messen und darstellen oder ob Sie die Leistungsschwachen öffentlich anprangern. Dieses Feingefühl ist für die Führungskraft wichtig, da die Gefahr besteht, die Leistungsschwachen in ihrer Position einzubetonieren. Eine Privilegierung von Leistung sollte ein Ansporn und kein Anklagen der Leistungsschwachen sein.

Im Folgenden werden die vier Gruppen von Verkäufertypen beschrieben: die Aufsteiger, die Absteiger, die Beobachter und die Subtypen (siehe Tabelle 1).

Tabelle 1: Typen und Milieus von Verkäufern

Gruppen von Typen	Typen
Aufsteiger	1. Der Einsteiger
	2. Der Ehrgeizige
	3. Der Erfolgreiche
	4. Der Leistungserbringer
	5. Der Regenmacher
Absteiger	6. Der Rosinenpicker
	7. Der Optimierte
	8. Der Aussteiger
	9. Der Leistungsschwache
	10. Der Leistungsverweigerer
Beobachter	11. Der Kaltstarter
	12. Der Kontakter
	13. Der Aufwändige
	14. Der Stabile
	15. Der Kümmerer
Subtypen	16. Die Primadonna
	17. Die Diva
	18. Der Schönwetterverkäufer
	19. Der Blender
	20. Die Wiederblüte

Kapitel 5

Die Aufsteiger

Verkäufer sind Aufsteiger. Viele Verkäufer steigen sowohl gesellschaftlich als auch beruflich auf. Der gesellschaftliche Aufstieg und die Karriere eines Verkäufers haben vieles gemeinsam. Untersuchungen haben gezeigt, dass nicht jeder im gleichen Ausmaß den Beruf eines Verkäufers anstrebt. Verkäufer, die diesen Beruf bewusst gewählt hatten, wollen häufig auch gesellschaftlich aufsteigen.[11] Die hier gezeigten fünf Aufsteigertypen sind das wichtigste Reservoir für unsere Leistungsträger unter den Verkäufern.

Aufsteigermentalität

»Wenn ich mich anstrenge, dann kann ich alles schaffen«, lautet der Wahlspruch der Aufsteiger. So gibt es Parallelen zwischen dem klassischen sozialen Aufsteiger und dem Verkäufer. Es ist eine ähnliche Motivationsstruktur festzustellen. Es ist interessant zu beobachten, dass unter den Verkäufern eine Häufung von sozialen Aufsteigern zu finden ist. Generell wird sozialer Aufstieg so definiert, dass man etwas Besseres wird als seine Eltern. Häufig wird dabei der Bildungstand oder das Einkommen der Eltern herangezogen. Der Anteil von Akademikereltern unter den Verkäufern ist sehr gering. Die Chance, mehr zu verdienen als seine Eltern, ist im Verkauf sehr hoch. Die Chance, sogar sehr viel zu verdienen, ist bei nach oben offenen Gehaltssystemen ebenfalls sehr hoch.[12] So gesehen ist der Verkauf ein idealer Berufseinstieg für Menschen, die sozial aufsteigen wollen. Der Aufstiegstraum funktioniert nur, wenn man an die Verwirklichung seines ureigenen Glücks glaubt und danach strebt.

Aufsteiger durchlaufen vom Einstieg in den Verkauf bis zum Erreichen von Spitzenleistung einige wichtige Wandlungen. Die Aufwärtsmobilität der Verkäufer ist durch einen starken Leistungswillen und einer Zielstrebigkeit gekennzeichnet. Genau diese Eigenschaften sind auch im Verkauf wichtig und bei den fünf Aufsteigertypen häufig zu beobachten. Generell kann gesagt werden, dass viele Menschen gerade den Beruf als Verkäufer als Mittel für den eigenen sozialen Aufstieg in der Gesellschaft wählen.

Wie verläuft der *ideale* Weg zur Spitzenleistung im Vertrieb? Der direkte Weg zu den besten Verkäufern führt vom Einsteiger hin zum Ehrgeizigen, dann zum Erfolgreichen und Leistungsträger und abschließend zum Regenmacher. Wird dieser Durchgang in einem einzigen Schritt, ohne Unterbrechung und ohne Abzweigung durchlaufen, dann ist der Verkäufer ein Selbststarter (siehe auch Kapitel 10). Am besten zeigt sich die Aufsteigermentalität bei den sogenannten Selbststartern. Eine der wichtigsten Motivationsquellen von Selbststartern ist das Vorankommen. Der Selbststarter zeigt uns, wie durchlässig die Aufsteigertypen nach oben sein können und wie sich ein idealer Verkäufer entwickeln kann. Das Durchschreiten der fünf Aufsteigertypen ist somit der direkte Weg zu Spitzenleistungen im Verkauf. Die fünf Aufsteigertypen zeigen auch damit quasi den Idealweg in der Entwicklung eines Verkäufers an.

Autonomie durch Erfolg

Verkäufer wollen Freiheit. Daher wird gerne folgender Packt zwischen der Führungskraft und dem Mitarbeiter geschlossen: Der Verkäufer bringt seine Leistung in das Unternehmen ein und erhält im Gegenzug die Autonomie bei seiner Arbeit. Je mehr Leistung der Verkäufer erbringt, desto mehr Freiheit und Unabhängigkeit erhält er. Dieser sogenannte »Freiheitspakt der Verkäufer« ist erstens einer der Gründe, warum Menschen das Verkaufen lieben und er ist im Vertrieb auch eines der ungeschriebenen Gesetze für die Motivation erfolgreicher Verkäufer. Zweitens ist der Pakt der Grund, warum es trotz hoher Leistung im Verkauf wenige ausgebrannte Menschen unter den Verkäufern gibt. Es erleichtert daher die Führung ungemein, wenn dieser Pakt zwischen Führungskraft und Mitarbeiter bereits am Beginn der Zusammenarbeit geschlossen wird.

Dabei ist aber eine wichtige Voraussetzung zu beachten: Es muss prinzipiell immer möglich sein, aufzusteigen. Es muss Chancengleichheit herrschen und es darf keine gläserne Decke beim Aufstieg geben. Die meisten Probleme entstehen in der Praxis bei der Anzahl und Art der Kunden und der Gebietsgerechtigkeit. Ohne jemals den Anspruch zu erheben, eine vollkommene Gleichheit bei den Kunden und Gebieten zu erreichen, die in der Praxis niemals vorkommen wird, sollen Fairness und Gerechtigkeit angestrebt werden. Das Ziel ist, die Unterschiede zwischen den *reichgeborenen* Verkäufern mit sehr guten beziehungsweise großen Kunden und Gebieten, und den *armgeborenen* Verkäufern mit kleinen Kunden und Gebieten so gering wie nur möglich zu halten.[13] Wenn das aus strukturellen Gründen nicht gelingt, dann ist die Ungleichheit in der Leistungsmessung zu berücksichtigen. Stellen Sie sich als Führungskraft daher immer die Frage: Gibt es gläserne Decken beim Aufstieg von Verkäufern? Was kann man tun, wenn sich die Kunden und Gebietsstrukturen stark unterscheiden? Chancengleichheit ist eine wichtige Forderung, die aber nicht immer hergestellt werden kann. Dann muss die Führung Maßnahmen setzen, die Chancengleichheit zumindest in der Bewertung herzustellen, um gleiche Voraussetzungen für soziale Aufsteiger zu machen.

So sind die Aufsteiger

Die Gesamtheit der Aufsteiger unterteilt sich in fünf Typen. Im Folgendem werden diese Typen vorgestellt.

Typ 1: Der Einsteiger

> Ich möchte in meinen neuen Job erfolgreich sein!
> Ich muss mich erst zurechtfinden und meinen eigenen Weg zum Erfolg herausfinden.

Hallo und Herzlich willkommen in der Welt des Verkaufens und Beratens! Begrüßen Sie den Einsteiger und schaffen Sie alle Voraussetzungen für einen guten Start. Meistens war man als Führungskraft bei der Einstellung des Einsteigers dabei und hat bereits das Potenzial des Verkäufers gesehen. Der Einsteiger ist aus der Sicht der Führungskraft zwar aufwändig, aber dafür einfach zu führen. Einsteigen in die Welt des Verkaufens ist ein großes Abenteuer für die Betroffenen und es gibt einige Herausforderungen, die zu meistern sind. Einsteiger fragen sich: Werde ich mich in dem Markt *durchsetzen* können? Werden mich die Kunden, denen ich eine Leistung anbiete, *akzeptieren*? Werde ich *erfolgreich* sein? Das sind die Ängste und die Hauptfragen des Einsteigers. Das Hauptrisiko der Einsteiger ist die Transparenz der Ergebnisse – jeder Erfolg und Misserfolg ist im Verkauf rasch sichtbar. Die Hauptaufgabe der Führungskraft ist es, das Risiko des Einstiegs in den Verkauf zu minimieren.

Woher kommen die Einsteiger? Der Einsteiger ist zum Beispiel neu in der Branche, er ist ein Quereinsteiger oder kommt aus einem Mitbewerbsunternehmen. Der Einsteiger kommt häufig auch aus anderen Bereichen, zum Beispiel aus dem Innendienst, der Technik oder dem Service.[14]

Das Wesen der Einsteiger

Verkaufsverhalten: Der Einsteiger übernimmt einen Kundenstamm oder ein Gebiet, oder er beginnt, seine Kunden und seinen Markt neu aufzubauen. Er agiert dabei vorsichtig und weiß, dass der Erfolg am Beginn in erster Linie durch viele Aktivitäten am Markt erreicht wird. Langsam beginnen die Kunden, ihn zu akzeptieren und bei ihm zu kaufen, und er entwickelt sich, macht Fortschritte und seine Aktivitäten zeigen erste Erfolge. Doch die Angst des Scheiterns ist immer dabei. Sein Engagement bei den Kunden ist überdurchschnittlich hoch und damit kann er sehr viel an fehlender Kompetenz wettmachen.

Kompetenz: Die Kompetenz der jungen Einsteiger, die gerade zu verkaufen beginnen, ist gering. Der Einsteiger wurde jedoch wegen bestimmter Eigenschaften, die für die Ausübung des Jobs notwendig sind, ausgewählt. Wenn diese Eigenschaften zu dem Markt, zu dem vertrieblichen Aufgabengebiet und zu der Kundengruppe passen, dann ist der Einsteiger zusätzlich zu trainieren. Die speziellen Verkaufsfertigkeiten, die im Produktmarkt gefordert sind, sind dem Einsteiger beizubringen.

Steckbrief 1: Der Einsteiger *(»Das Küken«)*

Engagiert, jedoch ohne vertriebliche Erfahrung

Stereotyp

Strebt nach beruflicher Etablierung, ist anpassungswillig und formbar

Motto

Ich beweise mich als Verkäufer

Arbeitsstil

Ist lernwillig und gibt sich Mühe, die Zusammenhänge zu verstehen. Muss sich aber erst zurechtfinden; Administratives dauert sehr lange, da keine Routine

Zielorientierung

Ist aufstiegsorientiert und will ein Leistungsträger im Unternehmen werden

Leistungsbereitschaft

Ist bereit, einen zusätzlichen Aufwand in die eigene Entwicklung zu investieren

Führungsansatz

Enge Führung

Werkzeuge

Retrograde Ziele vereinbaren, Trivialcontrolling, Parallelbesuche und Betreuung, Verhaltenstrainings

Coaching

Verkaufszeit, Kundenzeit, Kontakte, Chancen erkennen und ausschöpfen

Für den Verkaufsleiter ist der Einsteiger leicht, aber aufwändig zu führen. Der Grund ist der hohe Lernaufwand, den der Einsteiger benötigt. Er versucht, Kontakte mit den Kunden zu schließen, um seine ersten Verkaufserfolge im Markt zu erhalten. Dennoch ist sozusagen ein bestimmter »Welpenschutz« in der Anfangsphase sinnvoll. Viele Führungskräfte geben dem Einsteiger diesen Welpenschutz für einen Zeitraum, in dem der Einsteiger Zeit hat, sich zunächst einmal in der neuen Umgebung zurechtzufinden und seinen eigenen Weg zum Erfolg herauszufinden. Dabei wird der Einsteiger aus der normalen Bewertung der Leistung herausgenommen und es wird eine Frist vereinbart, ab wann das nicht mehr gilt. Ob ein Einsteiger erfolgreich wird, ist von zwei Themen abhängig: Erstens sollte der Einsteiger die Entschlossenheit haben, sich im Verkauf tatsächlich verwirklichen zu wollen und zweitens muss er seinen eigenen persönlichen Weg finden, das auch zu tun. Der junge Einsteiger, der sich im Verkauf verwirklichen will, ist dann wissbegierig und will von seinen Kollegen und von der Führungskraft viel lernen. Einige junge Einsteiger entwickeln sich zu Selbststartern, die nahezu autonom Verkaufskarriere machen, die jeden Tag dazulernen und nur dann, wenn nichts mehr weiter geht, bitten sie die Führungskraft um Unterstützung. Andere benötigen mehr Zuwendung und eine Einführung in das Verkaufen und in die Strukturen des Unternehmens. Es ist von Vorteil, wenn sich der junge Einsteiger und die Führungskraft von Beginn an auf eine enge und dichte Führung einigen. Wird das versäumt, besteht die Gefahr, dass diese Form der Führung später nicht mehr vom Verkäufer akzeptiert wird. Dabei werden Ziele vereinbart, die so gewählt werden, dass sie überschaubar und leicht erreichbar sind. Werden die vereinbarten Ziele nicht erreicht, dann wird das Zielniveau herabgesetzt und der Zeithorizont verkürzt. Hier kann es durchaus vorkommen, dass die Ziele in einem halben Tagesrhythmus vergeben werden, um die Zielerreichung leicht zu überwachen. In dieser Phase des Verkäuferlebens erhält der Neueinsteiger viele Schulungen, vor allem in den Bereichen verhaltensorientiertes Verkaufen und Produktschulungen. Der Einstieg in den Verkauf ist eine neue Chance, sich zu beweisen, und dem Unternehmen zu beweisen, dass es eine gute Wahl getroffen hat.

Aufzusteigen ist ein hartes Programm, ein Knochenjob. Dem Einsteiger muss klargemacht werden, dass Fleiß und Disziplin neben dem Wollen und dem Können wichtigste Voraussetzungen für den Erfolg sind. In der Regel ist es das Hauptthema des Coachings, die vielen neuen Eindrücke, die auf den Verkäufer einprasseln, zu sammeln und zu ordnen. Hier ist Orientierung wichtig. Jeder soll wissen, worauf er sich einlässt. Am Beginn ist das Verhältnis der Verkaufszeit zur Kundenzeit zu optimieren, danach sind die richtigen Kontakte zu den Kunden aufzubauen und anschließend sind die Chancen zu optimieren. Neue Mitarbeiter benötigen in erster Linie eine hohe Schlagzahl beim Kunden, um Beziehungen aufzubauen und die Chancen zu erkennen, selektieren und zu nutzen. Wichtig ist es, in der Anfangsphase, sicherzustellen, dass der Einsteiger einen hohen Anteil von Kundenzeit an der Gesamtarbeitszeit hat. Das Sehen von Chancen im Markt und bei den Kunden selbst muss in der Phase trainiert und gecoacht werden. Hier sind sowohl Parallelbesuche mit der Führungskraft als auch Begleitbesuche mit anderen Verkäufern wichtig. Als Werkzeuge kommen alle Formen der aktivitätsorientierten Führung infrage. So ist es besonders sinnvoll, einige Kundenbesuche gemeinsam mit dem Einsteiger durchzuführen.

Typ 2: Der Ehrgeizige

Ich will es mir selbst und den anderen beweisen!

Lerne, leiste und erstrebe was – dann »haste«, »biste«, »kannste« was. Streben, lernen und die ersten Erfolge in der neuen Position zeichnen diesen Typ aus. Der Ehrgeizige hat bereits die ersten Aufträge oder Umsätze geschrieben und ist gerade dabei, diesen Erfolg gezielt auszubauen. Er hat erkannt, welche Wege bei den Kunden zum Erfolg führen und welche sich für den Ehrgeizigen als vorteilhaft herausgestellt haben. Häufig haben Ehrgeizige ein Vorbild im Unternehmen, dessen Verkaufserfolge sie bewundern oder auch beneiden.

Verkaufsverhalten: Die Ehrgeizigen zeigen ein interessiertes, aktives, aber auch noch vorsichtiges Verhalten beim Kunden. Das Engagement in dieser Phase ist höher als das tatsächliche Können. Der Ehrgeizige schafft es durch die vielen Aktivitäten, die er setzt, viele neue Chancen zu identifizieren. Diese Identifizierung von Chancen ist für den Ehrgeizigen besonders wichtig, denn sie gibt dem Ehrgeizigen eine schöne neue Perspektive für seine berufliche Zukunft. Dieses Bild der Zukunft ist ein wichtiger Ansporn für den Ehrgeizigen. Er will wissen, wie es um ihn steht, wie es weitergeht und wo er in einer absehbaren Zeit seinen beruflichen Platz haben kann.[15]

Kompetenz: Sein Aktivitätsniveau ist weit höher als das Qualitätsniveau, und der Ehrgeizige ist bemüht, seinen Markt und seine Kunden auszubauen. Er ist sehr lernwillig und nimmt viele Themen, die im Produktmarkt erfolgreich sind, in sein Verhaltensrepertoire auf. Ehrgeizige sind hartnäckig und zeitweise auch verbissen in der Verfolgung der Ziel; sie schaffen es, sich von vielen Ablenkungen und Lustbarkeiten fernzuhalten und durch Disziplin das Lustprinzip durch das Leistungsprinzip zu ersetzen. Die Kraft und Energie erhalten sie durch die Perspektive eines baldigen großen Erfolgs.

Steckbrief 2: Der Ehrgeizige (»Der Streber«)

Engagiert, mit erster positiver Resonanz bei seinen Kunden

Stereotyp

Zielstrebige, disziplinierte Anpassungswillige mit hoher Leistungsbereitschaft

Motto

Streben, lernen und leisten

Arbeitsstil

Wirkt engagiert und wissbegierig. Muss sich noch zurechtfinden, Administratives dauert sehr lange, da wenig Routine, investiert viel Aufwand in den Marktaufbau

Zielorientierung

Ist aufstiegsorientiert und will ein Leistungsträger im Unternehmen werden. Verbissenheit und Hartnäckigkeit in der Verfolgung der Ziele.

Leistungsbereitschaft

Wunsch nach Selbstentfaltung ist stark und ist offen für unterschiedlichste Einflüsse, um sich weiter zu entwickeln

Führungsansatz

Förderprogramm und fachliche Unterstützung, Perspektiven bieten

Werkzeuge

Parallelbesuche und Betreuung, Verkaufstraining, Einsatz typischer Leistungserklärungsmodelle wie Verkaufstrichter, Pipelines, Projektflussanalysen und Kundenbilanzen

Coaching

Kundenzeit, Kontakte, Chancen erkennen und ausschöpfen, Kundenpotenziale und Kundenproduktivität

Führungsansatz

Wenn Sie als Führungskraft merken, dass bei Verkäufern das Aktivitätsniveau und das Engagement laufend steigen und sich parallel dazu die Verkaufsqualität verbessert und erste Erfolge sichtbar werden, dann ist es wichtig, diesen Mitarbeiter gezielt zu fördern. Ein Förderprogramm sollte dabei zwei Themen abdecken: Erstens soll der Zugang zu den Ressourcen des Unternehmens erleichtert werden. Auch ist es wichtig den Zugang zu anderen Abteilungen und auch zur Führungskraft ohne Barrieren zu gestalten. Zweitens ist es wichtig, gezielt für die Weiterentwicklung des Verkäufers zu sorgen. Was benötigt der Ehrgeizige, um besser verkaufen zu lernen? Und wo sind die größten Hebel und Treiber für seinen Erfolg? Wo hat der Verkäufer die größte Resonanz bei seinen Kunden und im Markt? Wo ist er begeistert, wo sieht er sich in einigen Jahren (denn genau dorthin sollte er seinen Weg weitergehen)?

Coaching

Ehrgeizige werden weiter aufsteigen, wenn sie stabil und anpassungsfähig sind und eine klare Perspektive für die Zukunft haben. Dem Verkäufer muss klar sein, dass er, wenn er so weiterarbeitet, auf dem richtigen Weg ist. Wichtig ist hier das Aufzeigen einer positiven Perspektive der beruflichen Zukunft. Die Perspektive soll ihn bestärken, den eingeschlagenen Weg weiter zu gehen. Der Zusammenhang zwischen dem Einsatz und den Erfolgen soll im Detail analysiert werden. Warum ist er bereits erfolgreich? Was waren hier die richtigen Treiber? Aufnahmefähigkeit und Lernfähigkeit sind jetzt wichtige Eigenschaften, um auf den weiteren Weg neue Perspektiven zu erkennen. Ehrgeizige sollten auch jede Möglichkeit nutzen, um von der Leitungselite zu lernen. Dabei sollten sie es sportlich angehen und sich immer mit den besten Verkäufern messen. Ideal sind dabei alle Formen von Parallelbesuchen, wo sie von den Besten lernen können, um die Trefferquoten zu verbessern. In dem Stadium der Leistungsentwicklung sind Chancenmanagement, Kundenmanagement, das Erkennen beziehungsweise Ausschöpfen von Potenzialen wichtige Themen im Coachingprozess. Die größten Gefahren bei diesem Typ sind, dass das Ziel aus den Augen verloren oder der falsche Weg gegangen wird.

Typ 3: Der Erfolgreiche

> Ich habe bewiesen, dass ich erfolgreich sein kann!
> Ich kämpfe nicht nur – ich siege bereits!
> Der Markt honoriert meinen Einsatz!

»Erfolgreich ist, wer Erfolg hat«, sagte Napoleon Hill im Jahr 1937. Auf keine andere Berufsgruppe trifft dieser Spruch so zu wie auf die erfolgreichen Verkäufer. Der Erfolgreiche ist in der Regel der bereits weiter aufgestiegene Ehrgeizige. Die Unterscheidung zum typischen Ehrgeizigen ist einfach: Der Ehrgeizige kämpft noch, der Erfolgreiche siegt bereits. Die erzielten Resultate wie Aufträge, Geschäfte und erfolgreiche Kundenbeziehungen sind bereits klar sichtbar und der Erfolgreiche hat sich bereits weit über den Durchschnittswert der Leistung in der Verkaufsgruppe bewegt.

Erfolgreiche wollen auch weiter aufsteigen und engagieren sich dementsprechend. Durch die positive Resonanz von Kunden und Märkten auf den Auftritt des Verkäufers ist es nun möglich, eine erste persönliche Leistungsbiografie zu erstellen. Er kennt den Einfluss seiner Stärken und kann bereits viele Schwächen unwesentlich machen. Der Verkäufer weiß, welches Verhalten bei den Kunden in diesem Markt zum Erfolg führt, er kennt den Einsatz, der notwendig ist, um Geschäfte abzuschließen. Auch hat er gelernt, mit Spaß zu verkaufen, und hat erkannt, wie man sich im Verkauf verwirklichen kann.

Das Wesen der Erfolgreichen

Verkaufsverhalten: Der Erfolgreiche kennt bereits die wichtigen Geheimnisse des Verkaufens. Er entwickelt sich zügig und stetig weiter, sein Kontaktniveau wird laufend besser und dadurch erkennt er immer mehr potenzielle Chancen, die er auch zu nutzen imstande ist. Er zeigt ein interessiertes, aktives, souveränes und überzeugendes Verhalten beim Kunden.

Kompetenz: Er kennt bereits das richtige Verhältnis zwischen Engagement und Kompetenz und kann beides daher gut bei seinen Kunden einsetzen. Sein Ehrgeiz und seine ersten Erfolge beflügeln ihn. Was ihm noch fehlt, ist die Kontinuität der Leistungserbringung. Daher ist der Aufwand, den er persönlich für das Erreichen der Ergebnisse einsetzt, noch sehr hoch.

Steckbrief 3: Der Erfolgreiche (»Der Sieger«)

Leistungsfreundlicher mit Optimierungspotenzial

Stereotyp

Effizienz- und effektivitätsorientierter Leistungsbefürworter mit dem Wunsch, sich beruflich zu etablieren

Motto

Wer hart arbeitet und seinen Weg gefunden hat, ist auch erfolgreich

Arbeitsstil

Kann bereits optimieren und rationalisieren. Kennt die Arbeit, die zur Zielerreichung notwendig ist. Hat sich im Markt bereits durchgesetzt und arbeitet effizient. Lernt mit Arbeitsverdichtung und Zeitdruck umzugehen

Zielorientierung

Will ein Leistungsträger im Unternehmen sein

Leistungsbereitschaft

Disziplinierte Leistungsbereitschaft, erste Leistungsbiografie möglich

Führungsansatz

Entlastung und Vermeiden von Demotivation. Er ist bereits auf dem richtigen Weg, aber sein Erfolg geht noch weiter. Die Freiheitsgrade sollten erweitert werden und man sollte ihn langsam aus der Führung entlassen. Aktives Bestärken der Leistungsbiografie.

Werkzeuge

Einen Wettbewerb unter den Besten initiieren, Professionalisierung der Werkzeuge des Kunden- und Gebietsmanagements

Coaching

Rationalisieren und optimieren

Führungsansatz

Die größte Gefahr beim erfolgreichen Verkäufer ist, dass der Schwung beim Verkaufen nachlässt und er damit seine Aufstiegsmentalität verliert und nicht mehr weiter aufsteigt, sondern beharrlich auf der Stelle tritt. Das kann in dieser Phase leicht passieren, da er noch einen hohen Aufwand in der Betreuung der Kunden einsetzt, wenn man sein Zeitinvestition mit jener der Verkäuferelite vergleicht. Daher ist es wichtig, Umständliches aus dem Weg zu räumen. Hier sollte alles getan werden, um den »Deal Flow« – also den Durchfluss von Geschäften – zu erhöhen. Dazu ist es notwendig, den Erfolgreichen in der internen Kommunikation zu unterstützen.

Häufig erhalten Erfolgreiche auch eine bessere Unterstützung aus dem Innendienst. Durch den bereits erreichten Erfolg ist es möglich, die Freiheitsgrade in der Führung deutlich und spürbar zu erhöhnen. Wenn sich der Erfolg nachhaltig einstellt, ist es auch möglich, dem Erfolgreichen noch mehr Autonomie zu geben und ihn gänzlich aus der Führung zu entlassen.

Coachingthemen

Ein Erfolg ist noch kein Erfolg. Die erzielten Erfolge müssen in eine Kette und in einen kontinuierlichen Prozess überführt werden. Aus einmaligen Glückstreffern ist nun ein kontinuierlicher Fluss zu generieren. Es muss dem Erfolgreichen klar sein, dass er zwar den Beweis für ein erfolgreiches Arbeiten bereits geliefert hat, aber noch lange nicht die Routine für den langfristigen Erfolg besitzt. Rationalisieren und Optimieren sind jetzt die richtigen Ansätze beim Coaching der Leistung.

Eine der *Gefahren* bei den ersten Erfolgen ist, dass Erfolgreiche zu den sogenannten Aufwändigen werden. Diese setzen immer mehr und mehr Energie ein, um ihre Ergebnisse zu erzielen. Sollten Sie diesen Effekt beim Erfolgreichen erkennen, dann sollte mit einem gezielten Optimieren der Arbeitsweise mehr Freiraum für die weitere Entwicklung geschaffen werden.

Typ 4: Der Leistungserbringer

> Mein Erfolg ist für das Unternehmen wichtig, daher ist auch mein Ansehen im Unternehmen gestiegen. Beliebt zu sein und gelobt zu werden, das ist mein Ziel!

Der Leistungserbringer ist ein Verkäufer, der mit seinem Leistungsniveau immer über dem Durchschnitt liegt und so dazu beiträgt, das Unternehmen mit den notwendigen Umsätzen zu versorgen, um somit die Gehälter aller Mitarbeiter bezahlen zu können. Die Leistungserbringer sind für einen Großteil der Ergebnisse, die der Vertrieb erwirtschaftet, verantwortlich. Die Leistungserbringer sind die größte Gruppe unter den besten Verkäufern, den Leistungsträgern (vergleiche Kapitel 9) eines Unternehmens, zu denen auch der Regenmacher und die Primadonna gehören. In dieser Gruppe werden nicht selten mehr als 50 Prozent der Umsätze und Ergebnisse erwirtschaftet. Leistungserbringer werden von ihren Kunden bereits geliebt und im Unternehmen gelobt.

Das Wesen der Leistungserbringer

Verkaufsverhalten: Die Leistungserbringer bringen ihre gesamten Ressourcen in dem Beruf ein und erwarten im Gegenzug ein hohes Maß an Anerkennung durch das Unternehmen. Diese Anerkennung kann monetärer Natur sein. Leistungserbringer sind aber stark über Anerkennung motivierbar. Leistungserbringer, die älter als 40 Jahre alt sind, sind sehr stark über Anerkennung motivierbar und dieser Zusammenhang gilt vor allem dann, wenn der Verkaufsleiter jünger als der Leistungserbringer ist. Sie sind leistungsstark, leistungsintelligent und dadurch in der Lage, die Kunden optimal zu betreuen.

Kompetenz: Die Leistungserbringer zeichnen sich dadurch aus, dass sie im Schnitt zumindest über sieben Jahre in der Position oder in der Funktion als Verkäufer tätig sind und bereits seit einiger Zeit kontinuierlich gute Leistungen erbringen. Sie sind engagiert und haben in den letzten Jahren Einiges dazu gelernt. Sie arbeiten sehr professionell und das ist auch einer der Gründe, warum sie bei Kunden sehr gut ankommen. Ihre Gewissenhaftigkeit erzeugt bei den Kunden das Gefühl, dass sie gut betreut werden, und deswegen sind sie gerne beim Kunden gesehen, da diese dem Leistungserbringer vertrauen.

Steckbrief 4: **Der Leistungsbringer** *(»Der Souveräne«)*

Leistungsträger des Unternehmens

Stereotyp

Stabile Leistungsträger des Unternehmens mit hoher Leistungsintelligenz

Motto

Glück und Erfolg im Markt ist eine Holschuld

Arbeitsstil

Hat bereits im Unternehmen und im Markt den richtigen Weg gefunden, um erfolgreich zu sein. Wickelt Anforderungen der Kunden sehr routiniert ab. Ist bereits bei einigen Kunden »Category Champion«

Zielorientierung

Will seine Position als Leistungsträger im Unternehmen halten

Leistungsbereitschaft

Will sich mit den besten Verkäufern vergleichen können. Ist im Markt und bei den Kunden etabliert und erhält Selbstwert aus seiner Leistung

Führungsansatz

Aus der Führung entlassen und entlasten

Werkzeuge

Selbstmanagement

Coaching

Bindung ans Unternehmen verstärken und Zusatzverantwortung für Mentoring und Coaching übergeben

Führungsansatz

Die Leistungserbringer sind nun schon einige Jahre in ihrem Beruf tätig und wissen bereits, wie sie am Markt bestehen können. Einige werden sich fragen, ob sie diesen Job noch lange machen werden, und wie es mit der weiteren Karriere im Verkauf aussieht. Es ist wichtig, dem Verkäufer Wege zu zeigen, wie er sehr lange im Verkauf bestehen und wie er auch mehr Autonomie in seiner Arbeit erhalten kann. Die Motivation für sein Handeln soll der Leistungserbringer vor allem aus dem Kundenkontakt ziehen. Das Schaffen von Führungsfreiräumen und hoher Autonomie gibt den Leistungserbringern die notwendige Anerkennung von der Führungskraft.

Coaching

Die Leistungserbringer haben es geschafft, Leistungen kontinuierlich zu erbringen. Das Vorankommen wird sich jetzt verlangsamen und weitere Erfolge werden nur durch Optimieren und Rationalisieren zu erreichen sein. Neue ambitionierte Ziele schützen den Leistungserbringer davor, sich auf seinen bisherigen Erfolgen auszuruhen. Der Wunsch, sich auch immer wieder verbessern zu wollen, soll geweckt werden. Außerdem sind viele Leistungserbringer bereit, Zusatzaufgaben wie Coaching und Mentoring von anderen Verkäufern zu übernehmen, womit wiederum die Bindung zum Unternehmen steigt.

Vorsicht

1. Ein richtiger Generator zur Demotivation bei Leistungserbringern sind alle Tätigkeiten, die mit Bürokratie und mit Administration zusammenhängen. Im Besonderen sind es alle Tätigkeiten, die den Mitarbeiter bei der Erreichung seiner Ziele nur behindern. Das sind bei einem Verkäufer alle Tätigkeiten, die *umsatzneutral* sind. Häufig gehören solche Tätigkeiten zu dem Aufgabenbereich des Mitarbeiters und es ist dadurch auch legitim, sie einzufordern. Doch wenn der

Verkäufer diese erfolgsneutralen Themen bearbeitet, hat er das Gefühl, nicht als Verkäufer zu arbeiten, sondern als Datenbeschaffer, was nicht immer zu einer Motivation führt. Daher ist es wichtig, solche Aufgaben zu reduzieren beziehungsweise zu automatisieren.

2. Von allen Kontaktpunkten, die ein Mitarbeiter mit seiner Führungskraft hat, ist statistisch gesehen die Wahrscheinlichkeit, zu demotivieren, *viermal* größer als zu motivieren. Daher ist es nur zu unterstützen, den Mitarbeiter aus der Führung zu entlassen. Die Führungskraft ist gefordert, selbst schwache Signale aus der Gruppe der Leistungserbringer sofort aufzugreifen und die entsprechenden Maßnahmen zu setzen.

Typ 5: Der Regenmacher

Mein Erfolg trägt das Unternehmen!
Ich bezahle durch meine Leistung die Gehälter der anderen Mitarbeiter im Unternehmen.

Können das Arbeiten und die Leistungserbringung Menschen glücklich machen? Bei der absoluten Leistungselite ist das tatsächlich der Fall. Diese kleine Gruppe Glücklicher wird Regenmacher oder Rain Men genannt und sie sind die Elite unter den Mitarbeitern. Sie sind eine geringe Anzahl von Verkäufern von maximal 5 Prozent, die absolut optimiert ihre Aufgaben lösen – also Kunden und Markt optimal betreuen. Sie sind sehr engagiert und haben die höchste Leistungszeit bei den Kunden. Der Regenmacher sucht das starke Erlebnis in der Kundenbeziehung, er erhält den emotionellen Kick, wenn er seine Aufgaben löst oder mit den Kunden zusammen ist. Der Superlativ ist die beste Beschreibung der Regenmacher. Quer über alle Branchen haben sie den höchsten Deal Flow. In den Augen der Kunden sind sie die besten Betreuer, die sich die Kunden vorstellen können; sie sind die sogenannten »Category Champions«. Sie haben auch die höchste Netto-Kundenzeit im Vergleich zur Arbeitszeit. Neben dem

Verkaufen von Produkten und Dienstleistungen bieten die Regenmacher den Kunden den umfangreichsten Zusatznutzen.

Das Wesen der Regenmacher

Verkaufsverhalten: Natürliche Verkaufsautorität mit hohem Durchsetzungsvermögen im Markt. Er liebt es, beim Kunden zu sein, und hat die höchste Kundenzeit aller Verkäufer; ebenso die beste Chancenquote und die meisten Supertargets. Er erhält die Anerkennung für seine Arbeit tagtäglich im Markt, wenn er im Kampf gegen seine Kollegen vom Wettbewerb die Aufträge und Geschäfte gewinnt. Er ist der profilierteste Kundenbesitzer und in einigen Branchen wechseln viele Kunden den Lieferanten, wenn der Regenmacher den Arbeitgeber wechselt. Wie eine Karawane folgen Kunden dem Regenmacher zum neuen Unternehmen nach.

Der Regenmacher ist der leistungs- und zielorientierteste Mitarbeiter, den es in einer Vertriebsorganisation gibt. Er arbeitet kontinuierlich und effizient und lässt sich durch keine Befindlichkeiten, sei dies persönlicher, sozialer oder firmenpolitischer Natur, von seiner Aufgabe abbringen. Selbst wenn es im Unternehmen drüber und drunter geht, erbringt der Regenmacher konstant seine Leistung bei seinen Kunden. Eine Niederlage beim Kunden ist eine persönliche Niederlage für den Regenmacher. Er identifiziert sich wie kein anderer mit dem Job. Das schlechte Wetter, der noch so harte Wettbewerb, weder Krankheit noch Produkte, die sich im Wettbewerb schwertun, können die Leistung eines Regenmachers schmälern. Er kann beim Kunden sehr viel erreichen und hat dadurch wenige Reklamationen. Wenn es doch einmal Probleme gibt, reagiert er sehr großzügig.

Kompetenz: Gelassenheit und Souveränität zeichnen den Regenmacher aus. Er gehört zu jener Sorte der Verkäufer, die nahezu alles jederzeit verkaufen wollen und das auch können. Eine sehr hohe Frustrationstoleranz und ausgeprägte Selbstreflexionsfähigkeit verbunden mit einer hohen Leistungsenergie machen aus dem Regenmacher eine Leistungsmaschine.

Die Anerkennung holt sich der Regenmacher nicht im Unternehmen, sondern meistens im Markt und bei seinen Kunden. Er weiß, dass die Kunden ihn als »Category Champion«, als besten Verkäufer in seiner Produkt/Markt-Kategorie ansehen, und diese Anerkennung durch seine Kunden motiviert ihn am meisten. Für viele seiner Kunden bietet der Regenmacher einen Nutzen, der weit über den Produktnutzen hinausgeht. Zudem genießen sie einen hohen Zusatznutzen. Engagiert, unbeirrbar und entschlossen macht er ein Geschäft nach dem anderen und nichts kann ihn bei seinem Vorhaben stoppen.

Steckbrief 5: ***Der Regenmacher*** *(»Der Champion«)*

Leistungsintelligenz des Unternehmens, die erste Wahl beim Kunden

Stereotyp

Aufgaben- und kundenfokussierte, belastbare und resiliente Leistungselite des Unternehmens

Motto

Mein beruflicher Erfolg ist auch mein persönlicher Erfolg

Arbeitsstil

Arbeitet sehr kundenfokussiert und bietet dem Kunden viel persönlichen und beratenden Zusatznutzen. Wird vom Kunden meist als sein strategischer Berater angesehen oder als »Category Champion«. Ist daher häufig Kunden- und/oder Marktbesitzer

Zielorientierung

Will immer die Nummer eins bei seinen Kunden sein oder die ihm gestellten Aufgaben am Besten lösen

Leistungsbereitschaft

Hat seinen Markt und die Kunden im Griff. Er kann häufig das Unmögliche bei den Kunden erreichen. Intensives und befriedigendes Berufsleben

Führungsansatz

Gewährung maximaler Freiheitsgrade, die in der Organisation möglich sind

Werkzeuge

Entlastungsmanagement, Unterstützung, Abschirmen von Zeiträubern in der Organisation

Coachingthemen

Maßnahmen zur Bindung an Unternehmen

Die Firmenpolitik und auch das Verhalten von Vorgesetzten ist ihm nahezu egal. Denn er bezieht seine Energie größtenteils aus den Erfolgen bei seinen Kunden. Er will seine hohe Leistung erbringen und das um jeden Preis. Die Leistungselite ist sehr häufig auch Kundenbesitzer. Nicht das Unternehmen oder das Produkt bindet den Kunden, sondern der Verkäufer. So würde ein Großteil der Kunden das Unternehmen verlassen, sobald der Verkäufer das Unternehmen wechselt.

Führungsansatz

Wie bringen Sie hervorragende Verkäufer dazu, noch besser zu werden? Gibt es hier eine goldene Regel? Ja, die gibt es und sie lautet: Entlassen Sie Ihre besten Verkäufer aus der Führung. Die Leistungselite will nicht geführt werden, sie führt sich selbst. Aber Sie müssen aufpassen, dass Sie diesen Zustand nicht zerstören. Jedes Ziel, das Sie vorgeben, wird von der Leistungselite aus eigenen Stücken noch um einiges erhöht. In der Regel arbeitet die Leistungselite bei neuen Herausforderungen als Selbststarter. Der Regenmacher organisiert sich selbst sehr gut und jeder zusätzliche Eingriff in die Arbeitsweise könnte die Leistung schmälern. Die Regenmacher werden auch die »5-Prozenter« genannt, und das bedeutet, dass es nicht jeder schafft, ein Regenmacher zu werden. Die Regenmacher haben die gleichen Ziele wie das Unternehmen und sie erhöhen sie aus eigenen Stücken. Daher sind Führungskonzepte wie »Aus der Führung entlassen« oder »Autonomie für Leistung« ideal für diese Gruppe. Unterstützung in jedweder Form liebt der Regenmacher vor allem in der Abwicklung seiner Geschäfte. Hier kann es vorkommen, dass es – bedingt durch die hohe

Arbeitslast – zu Engpässen kommt, daher bietet sich eine zusätzliche Assistenz als Entlastung an. Der Regenmacher ist nur schwer durch eine Führungskraft motivierbar, da er es geschafft hat, mit seiner Aufgabe und den Kundenbeziehungen zu wachsen. Die größte Gefahr ist die Demotivation dieser Eliteverkäufer. Freude und Lust an der Arbeit sind die Treiber der Leistungselite. Die Regenmacher sind die Leuchttürme der Leistungsgesellschaft und die Führungskraft hat im Verkauf die Aufgabe, neue Leuchttürme zu erbauen und die bestehenden am Strahlen zu erhalten.

Coaching

»Glücklich ist, wer vergisst, was nicht mehr zu ändern ist« – dieser Satz von Nestroy beschreibt am treffendsten den Wahlspruch der Leistungselite. Sie ärgern sich nicht über die Unzulänglichkeiten und über Kleinigkeiten. Sie sind die Stars bei der Leistungserbringung. Sie kennen ihren Wert für das Unternehmen. Die Leistungselite braucht auch nicht motiviert werden, das übernehmen ihre Kunden. Die Selbstverwirklichung in ihrem Job ist ihnen bereits gelungen, aber es gibt immer Themen, bei denen sie Gefahr laufen, von der Firmenentwicklung abgeschnitten zu werden. Da ist es wichtig, mit der richtigen Wertschätzung spezielle Informationen wie etwa die neuesten Strategien und Entwicklungen an diese Zielgruppe zu bringen. Wichtig ist das Abringen von eigenen Scheuklappen bei den vielen administrativen und kulturellen Problemchen, die es im Unternehmen gibt. Hier ist die größte Gefahr die Demotivation. Sie müssen lernen, dass ihnen vieles egal ist und dass sie ihren Fokus auf den Markt, die Kunden, die Projekte und die Aufgaben richten. Außerdem müssen sie lernen, mit den Unzulänglichkeiten, die es in jeder Organisation gibt, umzugehen.

Und wann brennt der Regenmacher aus, wann kann er seine Leistung nicht mehr erbringen? Diese Fragen hört man oft, wenn man dieses Konzept diskutiert. Unter den Regenmachern gibt es sehr viele, die hohe Leistungen konstant über sehr lange Zeiträume erbringen. Und das Interessante daran ist, dass der Spaß an der Tätigkeit überwiegt. Ein Regenmacher hat es einmal so formuliert: »Ich gehe den ganzen Tag über zu meinen

Freunden (Kunden), die mich hoch wertschätzen und mit denen ich Spaß habe. Diese Glücksgefühle habe ich weder im Unternehmen noch privat.« Dem ist nichts mehr hinzuzufügen.

Merkmale der Aufsteiger

1. Aufzusteigen ist zu 90 Prozent ein *selbstgeschmiedetes* Glück – das ist die wichtigste Erkenntnis aus einer Betrachtung all unserer Typen im Aufsteigermilieu. Eine wichtige Motivation für den Aufsteiger ist das Erreichen von Autonomie durch Leistung.

2. Wer aufsteigen will, muss die Grundprinzipien der Leistung anerkennen. Dieses einfache Prinzip ist im Vertrieb die Lösung vieler Performanceprobleme. Wer etwas erreichen will, muss *aktiv* sein. Es muss klar sein, was es bedeutet, viel zu arbeiten und sofort proaktiv zu handeln. Wenn Fleiß und Disziplin fehlen, wenn man zu bequem ist, die »Ochsentour« zu gehen und nur das Notwendigste macht, dann darf man sich nicht wundern, wenn man weder die Anerkennung noch den Respekt und schon gar nicht das dazugehörende Geld bekommt. Die Akzeptanz und Wertschätzung in einer Vertriebsorganisation ist auf Erfolg aufgebaut. Aufsteiger entwickeln eine Leistungsbiografie. Das bedeutet, sie werden durch den Erfolg erfolgreicher und damit auch leistungsintelligenter. Diese Intelligenz ist sehr wichtig, um ein ganzes Verkäuferleben lang erfolgreich zu bleiben.

3. Können Verkäufer ihr ganzes Leben aufsteigen? Ja, das ist möglich, wenn auch nur für wenige. Im Schnitt macht der erfolgreiche Verkäufer *dreimal* eine Krise in seinem Verkäuferleben durch (siehe auch Kapitel 6). Es ist also normal, im Laufe eines Lebens im Verkauf auch mal abzusteigen, doch schaffen es statistisch die meisten, nach dem Abstieg wieder aufzusteigen.

4. Die Leistungsintelligenz steigt! Wer über lange Zeit zur Leistungselite gehört, der wird den Effekt kennenlernen, dass ein gutes Ergebnis erzielt wird, aber dennoch der Aufwand für das Verkaufen selbst

sinkt. Der Grund ist: Die eigene Leistungsintelligenz steigt, die Trefferquoten verbessern sich laufend, daher wird der Aufwand nochmals geringer, ohne dass der Markdruck sinkt oder die Ergebnisse darunter leiden. Dieser Effekt ist für ein wenig Entspannung bei den besten Verkäufern verantwortlich, und wahrscheinlich auch der Grund, warum viele diesen Job ewig machen wollen und warum sehr gute Verkäufer selten ausgebrannt sind.

5. Leistung soll sich lohnen. Aufsteiger wollen etwas leisten, wollen ihre Pflicht und Aufgabe erfüllen, aber wollen auf jeden Fall Teilhaber oder Mitunternehmer sein. Ob der Kuchen, der verteilt wird, Geld, Anerkennung, Freiräume oder Ruhm ist, ist dabei zweitrangig.

6. Leistung und Burnout im Vertrieb haben keinen Zusammenhang. Denn wer viel geliebt und gelobt wird, leidet selten. Wer alle Stufen der Aufsteiger durchläuft, schafft es auch, der Arbeitsverdichtung und dem Zeitdruck entgehen zuwirken. Der Manipulationsaufwand sinkt kontinuierlich mit steigernden Trefferquoten. Die Gefahr eines nicht enden wollenden Leistungsrausches ist bei Verkäufern nicht so stark gegeben wie in anderen Berufen, da selbst der beste Verkäufer immer wieder erleben muss, dass er einen Auftrag nicht erhält oder dass er das eine oder andere Geschäft nicht macht. Diese garantierte Erkenntnis führt dazu, dass selbst die besten Verkäufer eine gewisse Demut entwickeln, denn sie wissen, dass es auch sie treffen kann.

7. Es gibt auch erfolgreiche Absteiger bei den besten Verkäufern. Bei vielen erfolgreichen Verkäufern ist ein Nachlassen der Aktivitäten festzustellen, wenn sich ein konstanter Erfolg eingestellt hat. Diese Verkäufer sind Leistungsträger, die alles geschafft haben, was in ihrem Beruf zu schaffen ist, und nun nehmen sie sich etwas bei den Aktivitäten zurück. Sie werden deswegen nicht unbedingt faul und bequem, sondern sie haben realisiert, was sie erreicht haben und wollen vielleicht etwas mehr Ruhe und etwas mehr Zeit für andere Dinge im Leben haben. Beispielsweise in Vertriebsorganisationen mit vielen Stammkunden ist das Nachlassen der Aktivitäten auch über einen langen Zeitraum möglich, ohne dass die Ergebnisse nennenswert einbrechen.

Kapitel 6

Die Absteiger

Ein Abstieg bei Menschen in leistungsorientierten Berufen kommt nicht aus heiterem Himmel. Es gibt fast immer ein konkretes Ereignis, das diesen Abstieg hervorruft.

Jeder kennt die Geschichte, wie jemand vom Tellerwäscher zum Millionär wird, aber es gibt nicht nur eine Mobilität nach oben, es gibt auch eine Mobilität nach unten. Überall dort, wo es einen Aufstieg gibt, existiert auch ein Abstieg. Dieser Abstieg kann unterschiedliche Ausmaße annehmen: Er kann eine kurzfristige Minderleistung sein oder ein nicht mehr umkehrbarer nachhaltiger Abstieg. Unter den Absteigern werden alle Typen zusammengefasst, bei denen erstens ein Verlust der unternehmens- und ergebnisorientierten Zielorientierung zu beobachten ist, also jene Mitarbeiter, bei denen die Ziele zu *verrücken* beginnen, und bei denen Unternehmensziele nicht mehr mit den eigenen Zielen zur Deckung gebracht werden können. Das zweite Kennzeichen ist ein *Nachlassen* der Leistungsbereitschaft. Absteigern fehlt einfach der Biss, eine Leistung erbringen zu wollen.

Tellerwäschermentalität

Der Vertrieb ist jener Bereich des Unternehmens, in dem die sogenannte »Tellerwäschermentalität« am stärksten verbreitet ist. Erfolg und Misserfolg werden immer der Person zugerechnet. Der Aufstieg ist der alleinige Verdienst des Verkäufers, und jeder verlorene Auftrag, jeder Abstieg und jede Minderleistung ist auf ein persönliches Versagen des Verkäufers zurückzuführen. Jedoch – und auch das ist einzigartig im Vertrieb –: Wie in keinem anderen Bereich liegen der Auf- und der Abstieg sehr eng beieinander. Jeder Verkäufer kennt die Wechselbäder von Erfolg und Misserfolg. Und das ist der Grund, aus dem bei vielen Absteigern der Gedanke immer präsent ist, den Sprung nach oben zur Leistungselite immer wieder machen zu können.

Verkäufer stehen immer am öffentlichen Pranger. Sie sind die öffentlichste Person im Unternehmen. Sobald Verkäufer das Haus verlassen, wird ihre Leistung gemessen. Die Augen sind immer auf sie gerichtet. Und das nicht nur, wenn sie beim Kunden sind. Verkäufer stehen auch im Unternehmen unter ständiger Beobachtung. Vielfach sind die Rankings und Ergebnislisten, in denen die Leistungen der Verkäufer aufgelistet sind, für alle Mitarbeiter transparent. Für Menschen, die in Vertrieb und Verkauf arbeiten, bedeutet Absteigen daher in den meisten Fällen erstens, persönlich für den eigenen Misserfolg verantwortlich zu sein und zweitens, auch öffentlich dafür verantwortlich gemacht zu werden. Der Grund ist die volle Transparenz der erzielten Resultate. Daher ist ein Verstecken oder Durchtauchen bei einem geringen Leistungseinbruch oder bei Minderleistung kaum möglich. Das heißt, wer absteigt, der kann das nicht heimlich und unter Ausschluss der Öffentlichkeit machen, er wird dabei immer beobachtet und bewertet.

Glückskinder und Pechvögel

Sieger erkennt man bereits am Start! Den Verlierer und den Pechvogel auch? Viele Verkaufsleiter können ihre Mitarbeiter spontan sofort der Gruppe der Glückskinder und der Pechvögel zuordnen. Wenn das so ist, was kann dann eine Führungskraft erkennen? Aufsteiger sind Glückskinder und Absteiger sind Pechvögel, lautet die vereinfachte Analyse.[16] Und wenn wir uns die Statistik ansehen, dann ist das tatsächlich so. Ohne hier einem Fatalismus zu verfallen: Es gibt tatsächlich den Effekt einer Beschleunigung des Erfolgs durch Erfolg, aber auch eine Beschleunigung des Misserfolgs durch Misserfolg. Ein Aufstieg unterstützt einen Aufstieg, und der Abstieg fördert einen weiteren Abstieg. Das bedeutet, wenn der Absteiger nicht aus seiner Abstiegsspirale aussteigt, ist er vom Pech verfolgt und die Ergebnisse werden immer schlechter. Und der Aufsteiger ist eben vom Glück verfolgt und seine Ergebnisse werden immer besser. Wir wollen diesem Phänomen auf den Grund gehen. Die Erklärung basiert auf zwei konkreten Tatsachen:

Der *erste* Grund ist die Wirkungsweise von Chancen. Das Chancenpotenzial, das ein Verkäufer zur Verfügung hat, geht durch das Nachlassen der Aktivitäten immer mehr verloren. Je länger der Mitarbeiter seine Aktivitäten vernachlässigt, desto geringer wird das Reservoir der Chancen, aus denen geschöpft werden kann. Doch das ist nicht der einzige Grund. Es kommt zweitens ein beschleunigendes psychologisches Phänomen dazu. Es sind nicht nur weniger Chancen, die den Absteigern zu schaffen machen, es ist auch die sinkende Chancenquote, also die Anzahl der Chancen, die man aus seinen Kontakten herausfiltern kann. Weniger Chancen mit schlechteren Quoten geben jedem Menschen das Gefühl, wenig erfolgreich zu sein, und der Misserfolg zeigt sich auch in einem Pessimismus gegenüber den Chancen. Man glaubt nicht mehr an sie und damit werden sie auch immer weniger wahrgenommen.

Ganz anders funktioniert dabei der Aufstieg. Er gibt Kraft und Energie, allein durch die Tatsache, dass man aufsteigt. Diese Motivation führt dazu, noch mehr aufsteigen zu wollen. Man sieht mehr Chancen und holt auch mehr aus ihnen heraus. Die Chancenquote steigt.

Zusätzlich werden Absteiger auch dünnhäutig, die Belastung wird rasch als zu hoch und vielfach auch als ungerecht empfunden. Man flieht in die Abstiegsargumentation, welche die Unzulänglichkeiten der Produkte, der Märkte und der Stärken der Wettbewerber betrifft. Ein Selbstwertgefühl ist in dieser Lage nur sehr schwer aufrechtzuerhalten. Das unaufhörliche Jammern ist eine weitere Besonderheit von Absteigern. Sie wissen allzu genau, was in der Situation *nicht* möglich ist, was man alles *nicht* tun kann und warum dies oder jenes in der Situation *nicht* klappt. Dieses Jammern ist ein weiterer Beschleuniger in der Welt der Pechvögel und der Absteiger. Sie verwenden ihre Energie nicht auf die Bereiche, die sie mit den vorhandenen Mitteln lösen können; sie konzentrieren stattdessen all ihre Energie auf die Bereiche, die nicht funktionieren und vielfach auch nicht lösbar sind. Diese Negativ-Fokussierung auf Themen, die nicht funktionieren, vermindert laufend das eigene Anspruchsniveau. Man glaubt langfristig auch nicht mehr, eine gute Arbeit zu leisten, und verliert damit weiter den Blick auf die Chancen. Und wenn die Absteiger dann eine Chance sehen, denken sie sich oft, dass sie mit den Mitteln und Werkzeugen, die sie derzeit zur Verfügung haben, die Chance niemals nutzen können.

Jeder, der arbeitet, hat immer nur limitierte Mittel zur Verfügung, ob er nun mit Produkten, Kunden, Gebieten oder Betriebsmitteln beziehungsweise vorhandenen Unternehmensstrukturen zu tun hat. Niemand kann immer nur aus den Vollen schöpfen. Mitarbeiter, die zu Absteigern werden, müssen akzeptieren, dass es ihre Aufgabe ist, immer das Beste aus all dem, was sie augenblicklich zur Verfügung haben, zu machen. Der Maßstab für die Jammerzirkel ist die Verkaufselite, die es einfach schafft, über einem langen Zeitraum hinweg eine konstant hohe Leistung zu bringen – und das mit den gleichen Mitteln, die auch den Absteigern zur Verfügung stehen. In diesem Zusammenhang ist es für Führungskräfte immer wichtig, positive Beispiele zur Hand zu haben, die klar machen, dass es jederzeit möglich ist, viel zu leisten.

Das Phänomen des Absteigens trifft auch viele Verkaufstalente. Auch sie verzweifeln langfristig, vor allem dann, wenn der »verlorene Chancen«-Effekt den Talenteffekt zunichte macht.

Der Einstieg in die Absteigermilieus

Woher kommen unsere Absteiger? Der Hauptteil der Absteiger kommt aus der Gruppe der besten Verkäufer, den sogenannten Leistungsträgern. Die typischen Absteiger waren, bevor sie abgestiegen sind, Leistungserbringer, Primadonna und Regenmacher. Ein weiterer Teil kommt von den Stabilen oder von den Diven. Und nur ein ganz kleiner Teil der Absteiger erreicht die Durchschnittsproduktivität des Verkaufsteams nicht und steigt, kurz nachdem sie aufgestiegen sind, wieder ab.

Ein Abstieg kommt in der Regel nicht aus heiterem Himmel, es ist fast immer ein Ereignis, das diesen hervorruft. Wir haben in vielen Interviews Gründe erfahren, die den Abstieg ausgelöst hatten. Viele sehr gute Verkäufer haben, wenn sie zurückblicken, zumindest drei Mal in ihrem Verkäuferleben einen Abstieg hinter sich. Verglichen mit anderen Berufsgruppen fallen bei eigenverantwortlichen Tätigkeiten wie im Vertrieb die Auf- und Abstiege stärker aus. Die Amplitude des Auf- und Abstiegs ist größer. Zum Teil wird ein Abstieg auch bewusst gemacht, aber meistens sind es Ereignisse, die im Unternehmen vorkommen, die dann in der Folge zu einem Abstieg führen. Hat man den Abstiegspfad einmal betreten, stellen sich in der Folge Selbstwertzweifel ein, die dann wiederum zu einer Negativspirale von Leistung führen können.

Als Führungskraft geht es darum, die oft leisen Signale zu erkennen und Strategien zu entwickeln, um dieses Nach-unten-Schreiten zu stoppen. Die meisten können aus diesen Abstiegsmilieu mit, aber auch ohne Hilfe, herausfinden und weiterhin erfolgreich sein. Nur wenige schaffen diesen Ausstieg aus der Abwärtsmobilität nicht. Am Ende eines Verkäuferlebens kann jeder Verkäufer ganz genau die Gründe und die Auswirkungen seines Abstiegs benennen. Zwei Drittel der Gründe stammen aus der Sicht der Verkäufer von außen, also vom Unternehmen und von der Führungskraft. Wenn eine Führungskraft diese Krisen frühzeitig erkennt, kann effizient entgegengewirkt werden.

Ein Beispiel: Ursprünglich war der Verkäufer auf Leistung programmiert und brachte seine persönliche Arbeitsleistung voll in den Vertrieb ein. Doch dann passiert etwas: meist ein konkretes Ereignis, das den erfolgeichen Verkäufer aus der Bahn wirft. Es war eine nicht bezahlte Spesenrechnung, die aufgrund formaler Fehler vom 28-jährigen Controller abgelehnt worden ist. Dieses Ereignis kann bewirken, dass der Absteiger seine Leistung nicht mehr voll bringt. Er fühlt sich vor den Kopf gestoßen, denn der Kunde war wichtig und es war ein entscheidender Mittagstermin mit dem Kunden. Die meisten Absteiger kennen eine ähnliche Geschichte, die eine Veränderung der Leistungspräferenz bewirkt.

Aufsteiger, die nach einigen Jahren *bewusst* und *gewollt* zu Absteigern werden, haben oft die Idee eines guten Leistungsinvestments in ihren Köpfen: zuerst einmal viel arbeiten, sich richtig anstrengen und eigene Energie investieren, um dann langfristig von den Erträgen zehren zu können. Das können aber viele Leistungserbringer auch, ohne gleich absteigen zu müssen. Mit der Routine sinkt natürlich der Arbeitsaufwand und damit erreicht man Ergebnisse schneller und unkomplizierter. Absteiger haben auch häufig einen Anführer, einen Sprecher der Gruppe. Er ist meist eine ehemalige Primadonna oder eine Diva, die ihre Arbeitsleistung nun bewusst reduziert.

Die typische Verlaufsform des Abstiegs ist ein kontinuierliches Sinken des Leistungsverhaltens mit einigen Wendepunkten. Der Einstiegstyp des Abstiegs ist in der Regel der Rosinenpicker. Unter Beibehaltung einer hohen Verkaufsqualität werden aber nur mehr gezielt ausgesuchte Kunden betreut oder nur bestimmte Projekte bearbeitet. Neukunden werden kaum mehr angesprochen, neue Projekte kaum mehr akquiriert oder neuen Verkaufschancen nicht nachgegangen. Damit werden viele Verkaufschancen nicht eröffnet und das hat bereits langfristig Auswirkungen auf die zukünftigen Resultate. Das ist der erste Wendepunkt der Leistung.

Eine weitere idealtypische Verlaufsform des Abstiegs ist dann gegeben, wenn der Rosinenpicker zum Optimierten wird. Dabei verbessert der Optimierte das Verhalten des Rosinenpickers. Das heißt, er reduziert weiterhin die Aktivitäten und konzentriert sich zum Beispiel auf eine immer geringere Kundenanzahl. Dieses Verhalten wird solange beibehalten, bis der nächste Wendepunkt erreicht wird. Wird dieses Verhalten über längere Zeit betrieben, kann aus einem Optimierten auch ein leistungsschwacher Mitarbeiter werden.

Zeitweise stattfindende Minderleistungen werden so definiert, dass Mitarbeiter weniger leisten als es ihre Fähigkeiten erlauben würden. Diese zeitweise auftretende Minderleistung passiert bei vielen Mitarbeitern hin und wieder und ist durchaus als normal zu betrachten. Das ist in der Regel kein Absteigen. Von Absteigen ist dann die Rede, wenn diese Minderleistung über längere Zeit mit System verfolgt werden.

So sind die Absteiger

Die Gesamtheit der Absteiger zerfällt in fünf Typen. Im Folgenden werden die wichtigsten Absteigertypen vorgestellt.

Typ 6: Der Rosinenpicker

> Ich genieße ab jetzt meine bisherigen Erfolge!
> Ich will mit wenig Aufwand meine Kunden betreuen.
> Nach Jahren des erfolgreichen Aufbaus kann man auch mal zurückschalten.

Der Aufsteigertyp von gestern wird zum Absteiger von heute. So kann man am ehesten den Werdegang des Rosinenpickers bezeichnen. Bis noch vor kurzem zählte der Rosinenpicker zu der Gruppe der gefeierten Aufsteigertypen, bis ihn ein Ereignis an den Startpunkt des Abstiegs bringt. Gestern noch gefeierter Star mit hochtrabenden Zielen und heute versucht er nur mehr, das Angenehme in seiner Arbeit zu sehen.

Diese laut Reinhard K. Sprenger »schonungsorientierte Freizeithaltung« ist am Anfang im Verkauf nur schwer und bei genauem Hinsehen zu beobachten.[17] Der Grund dafür ist, dass das Nachlassen an den Ergebnissen noch nicht sichtbar geworden ist. Die Ergebnisse passen noch für eine Weile, aber der Mitarbeiter verringert bereits gezielt und bewusst seinen Einsatz.

Das Wesen der Rosinenpicker

Verkaufsverhalten: Der Rosinenpicker hat gezeigt, dass er etwas leisten kann. Er war zumindest einmal in der Gruppe der Stabilen, der Leistungsträger, oder er war eine Diva oder Primadonna. Aber durch ein bestimmtes Ereignis, das jeder Rosinenpicker sofort nennen kann, bringt er nicht mehr seine gesamte Leistung, zu der er an sich fähig wäre, in das Unternehmen ein.

Die Rücknahme des Leistungsverhaltens ist jedoch asymmetrisch. Die Qualität seiner Leistungserbringung sinkt bei einem Nachlassen der Gesamtleistung nicht. Es sinkt lediglich die Schlagzahl, die Aktivitäten und hier vor allem die Proaktivität. Er pickt sich die Rosinen aus dem Markt, er agiert also vorrangig bei den einfachen und großen Kunden, verkauft Produkte und Dienstleistungen mit hohen Spannen und vermeidet den hohen Aufwand bei neuen Kunden oder den Lernaufwand bei neuen Produkten.

Kompetenz: Rosinenpicker haben die gleiche oder eine ähnliche Verkaufsqualität wie die Leistungselite. Sie sind die erfolgreichsten Typen unter den Absteigern. Sie sind erfahrene und sehr gute Verkäufer. Der Kunde schätzt die Zusammenarbeit mit ihnen. Der Rosinenpicker ist weiterhin ein sehr guter Verkäufer, der noch immer gute Quoten und gute Verkaufszahlen schreibt, aber neue Themen werden nicht mehr bearbeitet, neue Kunden kaum mehr kontaktiert. Durch die hohe Qualität der vertrieblichen Arbeit erzielt er aber dennoch beachtliche Ergebnisse.

Steckbrief 6: Der Rosinenpicker (»Erfolgreicher Aufsteiger«)

Schonungsorientiertes Leistungsverhalten

Stereotyp

Abgeklärte ehemalige Leistungsträger mit dem Wunsch, mit weniger Einsatz gute Resultate zu erbringen

Motto

Wieso soll ich mich in Zukunft noch weiter anstrengen? Ich habe bereits viel geleistet und kann jetzt von meiner bereits erbrachten Leistung profitieren

Arbeitsstil

Passive Betreuung der Aufgaben, der Kunden und Projekte. Effizient und organisiert in der Bearbeitung von Projekten, Kunden und Beziehungen

Zielorientierung

Die Differenz zwischen den Unternehmenszielen und den persönlichen Zielen wird zunehmend größer. Der Rosinenpicker will ein Leistungsträger bleiben, aber gleichzeitig von seinen bisherigen Erfolgen leben

Leistungsbereitschaft

Investiert wenig Aufwand in den Marktaufbau und in neue Themen, lässt auch langsam in der Bearbeitungsqualität nach

Führungsansatz

Unterstützung bei der Suche nach einer neuen Herausforderung

Werkzeuge

Neue Aufgaben im Kunden- und Marktmanagement übertragen, »Business Development« für Produkte und Neukunden

Coaching

Leistungsklärungsgespräch, Motivationsgespräche

Der Rosinenpicker besteht aus zwei dominanten Untergruppen. Die *erste* Gruppe sind die glücklichen Rosinenpicker. Diese Gruppe ist mit ihrem Zustand zufrieden und versucht, diesen Zustand unter allen Umständen zu verfestigen und zu zementieren. Der Nutzen, den der Verkäufer in einem gesteigerten Freizeitverhalten oder durch mehr Freiraum hat, lässt sich durch vermehrtes Engagement im Unternehmen nicht aufheben. Die *zweite* Gruppe sind die unglücklichen Rosinenpicker, sie wollen rasch wieder Leistungsträger werden, aber ein bestimmtes Ereignis hält sie davon ab. Ihr Leistungsabfall ist die Reaktion auf ein einschneidendes Ereignis.

Führungsansatz

Da die Kompetenz für das Verkaufen in dieser Gruppe meistens vorhanden ist, sollen vor allem Maßnahmen, die für mehr Marktdruck sorgen, eingeleitet werden. Die Herausforderung kann dabei von der Führungskraft stammen. Häufig reicht bereits eine neue Aufgabe wie zum Beispiel ein neues Projekt, die Ansprache eines neuen Kundenkreises, die Einführung eines neuen Produkts oder das Anbieten zusätzlicher Dienstleistungen, damit der Rosinenpicker wieder dazu gebracht wird, sein Leistungsverhalten zu verändern. Der glückliche Rosinenpicker ist natürlich schwieriger zu führen. Er will seine Position halten, der unglückliche will seine Position verändern. Gut bewährt hat sich in dieser Phase ein Leistungsklärungsgespräch, in dem der Rosinenpicker gemeinsam mit der Führungskraft seine Leistungsbereitschaft aufarbeitet und Möglichkeiten erkundet, neue Themen, die das Interesse des Rosinenpickers wecken, anzusprechen. Das Können ist ja beim Rosinenpicker vorhanden, es geht nur um die Umsetzung.

Coaching

Klarheit ist in dieser Phase wichtig: Stellen Sie sich als Verkaufsführungskraft die Frage, was genau der Grund für das Nachlassen des Engagements ist. Bedenken Sie, dass genau dieser Typ der am meisten gewählte Einstieg zu den Absteigertypen ist. Überlegen Sie gemeinsam mit dem Rosinenpicker, was er in seinem beruflichen Leben noch alles erreichen kann. Helfen Sie dem Rosinenpicker, das auch zu erreichen.

Typ 7: Der Optimierte

> Ich bin so talentiert, dass ich meine Arbeit nebenbei machen kann.
> Warum anstrengen, wenn es auch einfacher geht?

Das Wort »optimiert« suggeriert im ersten Moment keinen Typ, der zu den Absteigern gehört. Optimieren ist in unserer Wahrnehmung meistens positiv besetzt, wieso verwenden wir dann diese Bezeichnung für einen Absteiger? Nun, der Optimierte versucht, das beste erreichbare Resultat im Sinne eines Zieles oder einer Aufgabe zu erreichen. Das Gegenteil wäre das Ideal, also das beste denkbare Resultat. Was macht nun der Optimierte? Er will ein Ziel erreichen und minimiert seinen Einsatz. Bei einer immer höheren Verkaufsqualität ist es möglich, den Einsatz immer mehr zu verringern. Wer bei immer weniger Kunden viele Aufträge erhält, der braucht sich nicht um das Neugeschäft kümmern. Dieses Optimierungsverhalten ist aber nur kurzfristig wirksam. Hier wird falsches Verhalten optimiert. Was auf der Strecke bleibt, sind die Chancen der Zukunft. Im Verkauf ist es wichtig, nach Chancen Ausschau zu halten und immer wieder neue Chancen zu erzeugen – und das geht nicht, wenn die beruflichen Aktivitäten reduziert werden.

Verkaufsverhalten: Der Optimierte ist neben dem Rosinenpicker der zweite erfolgreiche Absteigertyp. Das bedeutet: Der Optimierte hat die Kunden und die Geschäftsmöglichkeiten bereits genau klassifiziert und konzentriert sich wie kein zweiter auf die besten Möglichkeiten, die sich ihm bieten. So ist es möglich, mit einem sehr überschaubaren Aufwand erfolgreich zu sein. Wie verteidigt der Optimierte sein Verhalten? Er sieht sich als ein Gewinner und beschreibt sein Verhalten folgendermaßen: Ich habe ein vernünftiges, weil ökonomisches Verhalten, wenn ich mich nur auf das Beste konzentriere.

Kompetenz: Der Optimierte hat eine hohe Verkaufskompetenz, er kennt alle Möglichkeiten, die notwendig sind, um Geschäfte zu machen. Er hat eine sehr hohe Trefferquote. Nicht selten ist seine Trefferquote durch die Konzentration auf den lukrativen Markt höher als bei den Mitarbeitern der Leistungselite. Leider wendet er seine hohe Kompetenz zu wenig an. Damit sinkt der Marktdruck, also der Markt und die Kunden »spüren« den Verkäufer immer weniger.

Steckbrief 7: Der Optimierte (»Schonungsorientierter Verkäufer«)

Kompetenter Leistungsvermeider

Stereotyp

Verweigert sich den gestellten Leistungserwartungen bei gleichzeitig hoher Kompetenz

Motto

Nach der harten Aufbauarbeit kann man es ruhiger angehen

Arbeitsstil

Hat Routine und ist souverän in der Kundenbetreuung

Zielorientierung

Die Unternehmensziele sind nicht mehr identisch mit den eigenen Zielen. Will dennoch aufgrund seiner Kompetenz als ein Leistungsträger im Unternehmen angesehen werden

Leistungsbereitschaft

Investiert wenig Aufwand in neue Projekte und Kunden und in einen Marktaufbau

Führungsansatz

Neue interessante Aufgaben und Sales development. Freiheitsgrade gezielt reduzieren

Werkzeuge

Gebiets- und Kundenreduktion, Einsatz von Wilderern in der Kundenbetreuung

Coaching

Zielklarheit, Kundenzeit und Kontakte erweitern

Grundsätzlich können die Optimierten aus vielen anderen Typen stammen. Am häufigsten waren sie jedoch lange Zeit ein Leistungserbringer, eine Primadonna oder eine Diva, seltener ein Erfolgreicher. Über den Typ des Rosinenpickers wurden sie zum Optimierten. Diese Gruppe von Mitarbeitern ist aus der Sicht der Verkaufsleiter sehr schwer zu führen und hier gilt alles, was zum glücklichen Rosinenpicker gesagt wurde. Zusätzlich ist es nur unter großen Anstrengungen möglich, das Leistungsverhalten zu verändern. Wenn Optimierte befragt werden, welches Ereignis zu dieser Milieu-Entscheidung geführt hat, dann können sie dieses Ereignis ganz konkret benennen.

Die zweite Gruppe jedoch sind die unglücklichen Optimierten. Sie betrachten diesen Zustand als Reaktion auf ein Ereignis, in dem der Verkäufer meistens nicht die Anerkennung erhalten hat, die er sich selbst zuschreibt. Das kann das Übergehen bei einer Beförderung sein, kann aber auch mit einer privaten Sinnkrise zusammenhängen. Befragt man diese Gruppe nach der glücklichsten Zeit in ihrem beruflichen Leben, dann benennt sie eine Zeit, in der sie extrem leistungsfähig, also in der sie zumindest ein erfolgreicher Aufsteiger war. Diese Gruppe reduziert das

Leistungsverhalten, um eine Unzufriedenheit mit einer Situation auszudrücken. Wird diese Unzufriedenheit angesprochen und diese zumindest teilweise beseitigt oder neue Formen der Anerkennung gefunden, dann beginnt der Optimierte, sein Leistungsverhalten wieder zu verbessern.

Führungsansatz

Zwei Führungsansätze haben sich bei dieser Gruppe in der Praxis durchgesetzt. Mehr Pepp in das berufliche Leben zu bringen lautet der *erste* Ansatz. Alles läuft in geordneten Bahnen und der Verkäufer sucht nach einer neuen Herausforderung. Hier ist das Verteilen von neuen Aufgaben wichtig, um den Leistungsansporn hoch zu halten. Die *zweite* Gruppe von Maßnahmen lässt sich unter »Druck machen« zusammenfassen. Hier hat sich eine Reihe von Werkzeugen durchgesetzt, die einen Druck beim Verkäufer aufbauen, damit dieser endlich mehr leistet. Eines der bekanntesten Werkzeuge ist der Einsatz von sogenannten Wilderern, also Verkäufer, die unterbetreute Kunden anderer Verkäufer in Zukunft betreuen. Beliebt sind hier auch Kundenreduktion und Gebietsverkleinerung bei Verkäufern. Dabei werden aber die Ziele nicht oder nur unwesentlich reduziert. Um Resultate auch weiterhin zu erbringen, muss sich der Verkäufer mehr anstrengen. Dieser Druck ist auf jeden Fall immer dann gerechtfertigt, wenn die Gefahr besteht, dass Kunden oder Märkte wegbrechen. Dann ist für die Führungskraft Gefahr im Verzug. Eine der Schwierigkeiten bei der Führung der Optimierten ist die Tatsache, dass sie objektiv gesehen selbst bei geringer Leistung noch immer mehr Ergebnisse erzielen als viele andere Verkäufer. Dieser Umstand führt häufig dazu, dass Optimierte zu wenig geführt werden, da sie ohne dies einen positiven Beitrag zum Ergebnis liefern.

Coaching

Viele Verkaufsleiter berichten, dass sich der Optimierte gerne bei seiner Ehre nehmen lässt. Da Anerkennung in diesem Bereich ein ganz wesentliches Element im Coaching ist, sollte man in einem Leistungsklärungsgespräch das augenblickliche Leistungsverhalten ansprechen: »Du bist ja zu was Besserem fähig« oder »Dein Können sieht man derzeit nicht in den Verkaufszahlen«. Das Infragestellen der derzeitigen Leistung ist geeignet, den Verkäufer zu einem Überlegen des Leistungsverhaltens zu führen. Hier ist wichtig, den Verkäufer mit seiner bisherigen Leistung zu konfrontieren und ihn zu einem verbesserten Leistungsverhalten anzuspornen. Häufig ist aber eine Zielkorrektur sinnvoll. Nach den Zeiten der Ruhe braucht man wieder einen Kick durch eine spannende Aufgabe und Herausforderung.

Typ 8: Der Aussteiger

Ich suche meine neuen Herausforderungen außerhalb des Unternehmens!

»Ich tausche meinen bisherigen beruflichen Aufstieg und mein Prestige gegen neue Ziele und ein neues Lebensglück« – so oder so ähnlich lautet der Wahlspruch der Aussteiger. Den Prestigeverlust, den der Aussteiger im Beruf erfährt, kompensiert er meistens mit neuen und häufig risikoreichen Herausforderungen außerhalb des Unternehmens.

Er ist ein »glücklicher Absteiger«, der sich mit der Ausrichtung seiner Energie neu orientiert hat. Den Druck, dem er sich früher gerne ausgesetzt hatte, um seine Ziele zu erreichen, konzentriert er nun auf seinen neuen Lebensentwurf. Die neue Lebensgestaltung lautet: Ich bin ein minimalistischer Verkäufer, der seine Energien auf das Privatleben, in die Kultur oder den Sport transferiert. Dieses extreme schonungsorientierte Freizeitverhalten heißt, sich im Job entspannen und es dann in der Freizeit »richtig krachen lassen«.

Der Aussteiger gilt in der Regel als beruflich gescheitert, aber diesem Mitarbeiter ist das egal, denn er erhält seine Anerkennung woanders. Die neuen Säulen für das Leben der Aussteiger sind häufig der Sport, Hobbys, Kultur, Genüsse und Freunde.

Verkaufsverhalten: Der Aussteiger hat ein sehr passives Kundenverhalten. Der Verkäufer wird nur dann aktiv, wenn der Kunde mit einem Auftrag droht. Er ist ein typischer Sammler, der sich nicht um die Kunden bemüht, sondern nur dann aktiv ist, wenn ihm die Geschäftsmöglichkeit quasi vor die eigenen Füße gelegt wird.

Kompetenz: Grundsätzlich ist die Kompetenz zum Verkaufen vorhanden und die Trefferquoten können beim Aussteiger durchaus noch hoch sein. Viele Aussteiger erwirtschaften noch Jahre nach dem Ausstieg sehr respektable Ergebnisse und würde man sie nur nach den Kennzahlen beurteilen, kann man oft kein Ausstiegsverhalten erkennen.

Steckbrief 8: Der Aussteiger (»Glücklicher Minderleister«)

Geringe Leistungsbereitschaft und fehlende Deckung persönlicher Ziele mit den Unternehmenszielen

Stereotyp

Unauffällig anwesender Minderleister

Motto

Ich habe mein Lebensglück außerhalb des Unternehmens gefunden

Arbeitsstil

Im Unternehmen reaktiv, jedoch häufig aktives Freizeitverhalten

Zielorientierung

Starke private Zielorientierung

Leistungsbereitschaft

Verweigerung gegenüber den Konventionen des Leistungsstrebens im Vertrieb

Führungsansatz

Förderprogramm und fachliche Unterstützung

Werkzeuge

Gebiets- und Kundenreduktion sowie Schützen von Kunden und Märkten

Coaching

Kundenzeit, Kontakte, Chancen erkennen und ausschöpfen

Gibt es so etwas wie einen glücklichen Verlierer? Gibt es etwas Wünschenwertes an einem beruflichen Abstieg? Der Aussteiger beherrscht die Kunst des Verlierens, ohne sich dabei selbst wie ein Verlierer vorzukommen. Wie gelingt ihm das? Durch eine Zielverrückung strebt er neue Ziele an, die ihn genauso glücklich machen wie in der Vergangenheit die Unternehmensziele, die er einst als seine persönlichen Ziele betrachtet und erreicht hat. Er kommt meist aus der Gruppe der glücklichen Rosinenpicker oder der glücklichen Optimierten und hat sich als Verkäufer sehr gut mit seiner jetzigen Situation arrangiert. Auffallend bei dem Typ ist der Umstand, dass viele Aussteiger ihr Leistungsstreben nicht ablegen, sondern in andere Bereiche – meistens in den privaten Bereich – verrücken. In dieser Gruppe sind überdurchschnittlich viele Sportler vertreten, die jene Sportarten betreiben, in denen die Einzelleistung gemessen wird. Außerdem finden sich in dieser Gruppe viele Menschen, die außerberuflich ein hohes Engagement im privaten und sozialen Bereich aufweisen, aus dem sie sich die neue Anerkennung holen.

Führungsansatz

Grundsätzlich ist Führung nur möglich, wenn die Bereitschaft des Verkäufers vorhanden ist, sich auch führen zu lassen. Das ist bei den glücklichen Aussteigern nicht immer der Fall. Es soll auf jeden Fall der Versuch unternommen werden, die Leistungsbereitschaft wieder in den Dienst des Unternehmens zu stellen. Ein Leistungsklärungsgespräch ist an dieser Stelle wichtig. In der Praxis ist das am meisten angewandte Werkzeug die

Wegnahme nichtbetreuter Kunden, der Einsatz von Gebietsreduktionen und die Vorgabe von Normbetreuungsrichtlinien, die einzuhalten sind.

Coaching

Wie können Aussteiger wieder einsteigen? Wie gelingt ihnen der Wiedereinstieg in die Leistungsorganisation? Wichtig ist das Wiederaufnehmen von Kundenkontakten, die über längere Zeit vernachlässigt wurden. Hier ist es wichtig, einen klaren und strukturierten Plan zu haben, der nicht überlastet und der realistisch durchführbar ist. Die Qualität und die Möglichkeit der Leistungserbringung ist vorhanden und über die Kontakte steigen wiederum die Chancen bei neuen Themen, an denen der Aussteiger seine Leistungsfähigkeit künftig wieder unter Beweis stellen kann. Wenn alles nichts nützt und der Aussteiger beratungs- und führungsresistent ist, bleibt als allerletzter Schritt nur noch die Schadensbegrenzung im Markt.

Typ 9: Der Leistungsschwache

> Schlechte Ergebnisse – kein Wunder bei diesen Produkten! Ich bemühe mich täglich, aber der Markt und die Kunden geben nicht mehr her! Früher war alles besser! Wir verkaufen viel zu teuer! Die Kunden sind eigenartig geworden!

Der Leistungsschwache hat bereits bessere Zeiten miterlebt. Zuerst ist er aufgestiegen, dann abgestiegen und jetzt ist er ein leistungsschwacher Verkäufer. Ist das das Ende einer Verkäuferkarriere? Gibt es noch Chancen? Ja, es gibt sie, und sie sind statistisch gesehen sehr hoch. Von fünf Leistungsschwachen schafft in der Regel pro Jahr einer wieder den Wechsel zur Verkaufselite. Zwei schaffen den Sprung in die Mitte und zwei verbleiben in dieser Klasse. Von diesen beiden, die als Leistungsschwache verbleiben, ist jedoch einer gefährdet, noch weiter abzusteigen. Die Voraussetzung für den Wiederaufstieg ist natürlich eine intensive Führung.

Verkaufsverhalten: Der Leistungsschwache hat im Laufe der Zeit sein Leistungsverhalten deutlich reduziert und seine Ziele verändert. Zum einen haben seine Aktivitäten bei den Kunden stark nachgelassen, zum anderen lässt die Verkaufsqualität zu wünschen übrig. Die Frage, warum die Leistungserbringung nicht optimal funktioniert, wird in der Regel durch schlechte Produkte, die das Unternehmen anbietet, fehlendes Marketing, zu hohe Preise, viel zu fordernde Kunden, umsatzschwache Gebiete, Rückgänge im Markt, Marktverwerfungen und mit sonstigen vom Verkäufer unabhängigen Umweltbedingungen argumentiert. Die Ursache der Leistungsschwäche bei sich selbst zu suchen, liegt ihm häufig fern. Langfristig kann der Leistungsschwache sein Verhalten auch vor dem Kunden nicht verbergen. Die Kunden verlieren beim leistungsschwachen Verkäufer zuerst den Respekt und dann auch noch das Vertrauen. Eine Vielzahl von Kunden wird untreu und kauft immer mehr beim Wettbewerb. Und selbst bisher treue Stammkunden überlegen sich jetzt, Testkäufe beim Wettbewerb durchzuführen.

Kompetenz: Der Leistungsschwache kommt an seine bisherige Kompetenz nicht mehr heran. Viele Aufgaben, die früher mit Bravour gelöst wurden, schafft er nicht mehr. Er hat miterlebt, dass der Misserfolg durch seinen Abstieg noch beschleunigt wurde. Dieser Misserfolg hat ihn verletzlich gemacht und seinen Chancenblick immer mehr und mehr verengt. Seine alten Kompetenzen sind an sich noch vorhanden, aber es fehlt die Entschlossenheit, sie auch einzusetzen.

***Steckbrief 9: Der Leistungsschwache** (»Der Bedenkenträger«)*

Leistungsschwäche mit wenig Perspektive

Stereotyp

Aktivitäts- und Qualitätsdefizite, jedoch um Teilnahme bemüht

Motto

Ich brauche bessere Kunden, bessere Produkte, niedere Preise und mehr Unterstützung vom Unternehmen, um eine bessere Leistung zu bringen

Arbeitsstil

Findet sich mit der Situation nicht zurecht

Zielorientierung

Gibt vor, zielorientiert zu sein

Leistungsbereitschaft

Orientierung an niederen Leistungsstandards. Investiert Aufwand in Scheinaktivitäten

Führungsansatz

Dichte und enge Führung, Förderprogramm und fachliche Unterstützung

Werkzeuge

Retrograde Ziele mit dem Mitarbeiter vereinbaren, Parallelbesuche und Betreuung, Verkaufstrainings, gruppendynamische Führungsansätze einsetzen

Coaching

Neue Ziele formulieren

Der leistungsschwache Verkäufer war bereits einmal in seinem Verkäuferleben zumindest ein Durchschnittsverkäufer. Vereinzelt findet man aber auch leistungsschwache Verkäufer, die aus dem Umfeld der Leistungselite gekommen sind. Der größte Anteil der Leistungsschwachen ist kontinuierlich abgestiegen und stammt aber aus dem Bereich der Rosinenpicker und der Optimierten.

Führungsansatz

Die wichtige Grundaussage ist: Wer sich im leistungsschwachen Milieu befindet, der ist noch lange nicht abzuschreiben. So berichten immer wieder Führungskräfte, dass es ihnen durch intensive Führungsarbeit gelingt, in relativ kurzer Zeit leistungsschwache Verkäufer wieder zur Leistungselite des Unternehmens zu machen. 80 Prozent der Leistungsschwachen schaffen den Wiederaufstieg, wenn sie richtig geführt werden. Dazu ist eine sehr enge und auch dichte Führung notwendig. Aber es ist auch zu entscheiden, was passiert, wenn Mitarbeiter langfristig leistungsschwach sind. Kann man diesen Zustand als Führungskraft tolerieren oder nicht? Und wenn ja, wie lange kann man zusehen? Das hängt natürlich von den Bedingungen ab, in denen sich das Unternehmen befindet. Auf jeden Fall gehören die Kunden, die Gebiete, die Märkte oder die Projekte gesichert. Kunden sollen aufgrund eines Leistungsschwachen nicht abwandern und Leitungsschwäche soll kein Eintrittstor für den Wettbewerber werden. Gerade bei den Leistungsschwachen zeigt sich deutlich, welche Wirkung Führung entfalten kann. In der Praxis hat die Führungsarbeit bei dieser Zielgruppe einen großen Hebel.

Coaching

Leistungsschwache konnten bereits einmal verkaufen und haben das auch bewiesen, daher geht es beim Coaching vor allem um das Thema des Wollens und nicht des Könnens. Jedoch hat sich durch den Abstieg auch die Verkaufsqualität verschlechtert. Ein verbreiteter Ansatz ist, ein letztes Leistungsklärungsgespräch mit dem Mitarbeiter durchzuführen. Der Verkäufer kann all seinen Unmut äußern und alles ansprechen, was ihn stört und hindert. Die Aufgabe der Führungskraft ist es, hier auf die kleinen Lichtblicke zu achten, die es selbst unter den schlechtesten Voraussetzungen immer wieder gibt. Und auf diesen kleinen Lichtblicken soll eine positive Perspektive der Zukunft aufgebaut werden. Und der Verkäufer sollte den Mut fassen, sich daran wieder aufzurichten.

Der Spruch »Wer seine Ziele immer erreicht, hat sie einfach zu niedrig angesetzt« gilt hier nicht. Bei den Leistungsschwachen müssen Ziele wieder bewusst *niedrig* angesetzt werden. Es sollen Ziele sein, die der Leistungsschwache mit hoher Wahrscheinlichkeit erreicht. Überlegen Sie sich gemeinsam mit dem Leistungsschwachen den Aufwand, der zur Zielerreichung notwendig ist, und planen Sie diesen Aufwand in so kurzen Zeiträumen, damit Sie die Gewähr haben, dass der Leistungsschwache sie sicher erreichen wird. Leistungsschwache sind die beste Zielgruppe für retrograde Zielvereinbarungen. Aber Achtung: Zu hohe Ziele demotivieren und häufig sind die gesetzten Ziele für die Leistungsschwachen zu hoch.

Dazu eine Anmerkung: Oft wird von Praktikern der Vorschlag gemacht, die Leitungsschwachen in der Führung einfach zu ignorieren, da sie nur einen sehr geringen Anteil am Umsatz des Unternehmens erwirtschaften und es besser wäre, sich mit der Führungsarbeit auf die Guten zu konzentrieren. Dagegen spricht erstens, dass die guten Verkäufer in der Realität viel weniger Führung benötigen und die Führungskraft von der Gesamtgruppe danach beurteilt wird, wie sie mit den Leistungsschwachen umgeht. Das *zweite* Argument dagegen ist, dass die Kunden und Märkte nur sehr schwer gesichert werden können, wenn Leistungsschwache lange Zeit einen Markt betreuen beziehungsweise eben nicht betreuen.

Typ 10: Der Leistungsverweigerer

> Ich weiß nicht, ob das, was ich gerade mache, das Richtige für mich ist.
> Ich will nicht mehr!

Das Ende der Karriere und häufig auch der Ausstieg aus dem Vertrieb erfolgt dann, wenn ein Verkäufer ein Leistungsverweigerer wird. In einer Vertriebs- und Verkaufsorganisation gibt es keine Märchen, die man erzählen kann, und damit auch keine Scheinwelt, die man sich aufbauen kann. Ergebnisse und Resultate lügen nicht, sie sind sichtbar und transparent und das jeden einzelnen Tag. Am Ende des Tages im Vertrieb zählen nur Ergebnisse und Resultate, also der Auftrag, die Bestellung oder das Geschäft. Das Besondere an Leistungsverweigerern und die Abgrenzung zum Leistungsschwachen ist, dass die von einer Führungskraft gesetzten Maßnahmen keine Ergebnisse mehr bringen. Die Führungskraft kann tun und lassen, was sie will: nichts fruchtet mehr. Der Leistungsverweigerer will nicht mehr, er setzt kaum Aktivitäten und wenn er aktiv ist, dann führen diese Aktivitäten zu keinem Erfolg. Maßnahmen, die von der Führungskraft vorgeschlagen werden, werden nicht oder nur halbherzig umgesetzt. Das Leistungsverhalten bleibt auf jeden Fall unterdurchschnittlich.

Das Wesen des Leitungsverweigerers

Verkaufsverhalten: Ist grundsätzlich reaktiv zu allen Themen, die den Markt und die Kunden betreffen. Er wartet, bis etwas passiert. Die Kunden spüren dieses Verhalten und ziehen sich konsequent zurück. Der Wettbewerber ist der lachende Dritte.

Kompetenz: Dieser Verkäufertyp hätte prinzipiell die Kompetenz zum Verkaufen. Denn er war ja schon einmal besser, aber kann oder will derzeit keine seiner Kompetenzen einsetzen.

Steckbrief 10: Der Leistungsverweigerer (Der »Will-nicht«-Typ)

Innerlich gekündigt und auf der Suche nach Neuem

Stereotyp

Führungs-, coaching- und beratungsresistenter Mitarbeiter ohne Zielorientierung und Leistungsstreben

Motto

Die Umstände sprechen gegen mich

Arbeitsstil

Kann sich nicht zurechtfinden, Aufgaben werden verschleppt, Kunden unprofessionell betreut

Zielorientierung

Akzeptiert keine Ziele des Unternehmens mehr

Leistungsbereitschaft

Kaum Leistungsbereitschaft, fühlt sich auch ausgegrenzt und von der Vertriebsorganisation deklassiert

Führungsansatz

Kurzfristiges Förderprogramm und fachliche Unterstützung

Werkzeuge

Retrograde Ziele vereinbaren, Parallelbesuche und Betreuung, Verkaufstrainings

Coaching

Klarheit und rasches Handeln vor Bequemlichkeit und Passivität

Er verweigert sich auf allen Ebenen der Führung und ist nicht mehr zugänglich für Führungsarbeit. Der Leistungsverweigerer ist ein noch tiefer abgestiegener leistungsschwacher Verkäufer. Mitarbeiter, die sich hier befinden, sind in der Regel durch Führung und Coaching, aber auch andere Maßnahmen des Unternehmens kaum oder nicht mehr zu bewegen. Diese Gruppe ist eine kleine Gruppe von Verkäufern, sie beträgt maximal 20 Prozent der Leistungsschwachen in einer Vertriebsorganisation. Wie ist mit diesen Menschen umzugehen?

Was auf keinen Fall getan werden soll, ist, dieses Verhalten zu ignorieren. Der zweite Fehler, den viele Führungskräfte machen, ist, diesen Mitarbeiter durchzufüttern und ihn mit Umsätzen oder Aufträgen zu versorgen, um ihn zu halten. Wenn dieses Verhalten zu den anderen Verkäufern vordringt, besteht die Gefahr, dass sich das gesamte Leistungsverhalten der gesamten Gruppe verschlechtert und nach unten gezogen wird. Welchen konkreten Schaden können Leistungsverweigerer in der Gruppe ausrichten?

Nun, erstens sind sie störend im Verkauf, da sie das Leistungsniveau hinunterziehen, und zweitens können sie auch gefährlich sein, wenn andere Menschen im Unternehmen von ihrer Arbeitsleistung abhängig sind. Dann gefährden Leistungsverweigerer die Arbeitsplätze anderer. Ist das der Fall, so sollten sie rasch aus der vertrieblichen Verantwortung genommen werden.

Führungsansatz

Der Austausch des Verkäufers sollte vorbereitet werden. Vielleicht kann vorher noch eine allerletzte Chance gegeben werden, aber falls das nicht möglich erscheint, sollte das Verabschiedungsinterview geführt werden. Ganz besonders wichtig ist es, den bei den Kunden und im Markt entstandenen Schaden zu minimieren. Hier sind Vorbereitungen zu treffen, um die vermutlich unzufriedenen oder gar verärgerten Kunden zu übernehmen.

Vielleicht ist das Wissen des Verkäufers für eine andere Abteilung interessant. Eine weitere Möglichkeit für den Verkäufer ist ein Umstieg in andere Bereiche eines Unternehmens, wo sein Wissen als Verkäufer von Vorteil ist. Statistisch gesehen ist es sehr schwierig, einem »Will nicht mehr«-Typ seine Leistungsreserve zu entlocken.

Coaching

Nur wer den Blick hebt, der sieht keine Grenzen. Wenn der Verkäufer ausbrechen und gehen will, dann ist es jetzt an der Zeit, über die Unternehmensgrenzen hinwegzusehen und woanders neu durchzustarten. »Reisende soll man nicht aufhalten«, lautet das Sprichwort. Es macht keinen Sinn, lange als Leistungsverweigerer klassifiziert zu sein. Machen Sie den Verkäufer darauf aufmerksam, dass er sich selber schadet. Hier sollte man nicht verweilen, sondern einen weiteren Schritt in der Entwicklung machen.

Leistungsverweigerung ist für jeden Verkäufer eine sehr unangenehme Sache. Es macht keinen guten Eindruck, als Leistungsverweigerer zu gelten. Die Reputation der Person sinkt, je länger man diesem Typ zugehört. Es kann durchaus triftige Gründe geben, die daran schuld sind, dass man in diese Typologie hineinmanövriert worden ist. Aber man sollte rasch wieder daraus entfliehen. Ein zu langes Verweilen zerstört häufig die weitere Karriere. Dieser Zeitraum sollte daher so kurz wie nur möglich gehalten werden. Also rasch heraus, wechseln oder gänzlich umsatteln.

Vorsicht

- Wenn der Mitarbeiter mehr kostet als er leistet, dann ist rasches Handeln notwendig.
- Wenn der Verkäufer massiv Kunden verliert, dann ist zumindest der bestehende Kundenstamm abzusichern und zusätzlich eine Veränderung vorzubereiten. Hier besteht die Gefahr, dass der Mitarbeiter andere Arbeitsplätze gefährdet.
- Wenn der Mitarbeiter zu lange in einer Verkaufsmannschaft verbleibt, besteht die Gefahr, dass sich das Leistungsniveau der gesamten Verkaufsmannschaft nach unten bewegt. Vor allem ist der Kontakt von Leistungsverweigerern zu neuen Mitarbeitern zu vermeiden.

Merkmale der Absteiger

1. Der Absteiger ist ein Produkt von Verhältnissen, die er zum Teil selbst geschaffen hat oder die geschaffen wurden, und die er selbst nicht mehr verändern kann. Daher ist Führung bei Absteigern sehr wichtig, wenn auch sehr anspruchsvoll.
2. Viele Verkäufer werden zu Absteigern, ohne zu wissen, dass sie bereits absteigen. So versuchen sie, zu Beginn des Abstiegs mit etwas weniger Energie zumindest das Gleiche zu erreichen. Das ist ja an sich noch nicht schlimm, wenn es auf eine bestimmte Zeit begrenzt ist. Wenn dieser Prozess aber nicht gestoppt, sondern weitergeführt wird und vielleicht sogar der Verkäufer dabei erfolgreich ist, dann beginnt das Bestreben, mit möglichst wenig Aufwand viel zu erreichen. Das ist an sich wirtschaftlich und viele fragen sich, was daran denn schlecht ist. Dieses Verhalten hat aber den Nachteil, dass das Chancenpotenzial verringert wird. Der Grad der Anstrengungen bei den Kunden wird geringer. Wenn der Abstieg weitergeht, versucht man, mehr mit immer weniger zu erreichen und das hat wiederum einen negativen Effekt auf die Chancen. Jetzt sieht man weniger

Chancen als andere und zweifelt letztlich auch an seinen Fähigkeiten. Und dieses Zweifeln lässt das Anspruchsniveau bei den Chancen sinken. Wenn das über einen langen Zeitraum so weitergeht, entsteht eine Abstiegsspirale und dabei sinkt letztlich auch die Kompetenz, da neue Herausforderungen fehlen. Mit voller Kraft zieht es die Verkäufer zurück, die alle Absteigermilieus in einem Schritt durchlaufen. Dieser Trend führt dann unweigerlich hin zum leistungsschwachen Verkäufer.

3. Ein weiters Merkmal von Absteigern ist die geringe Veränderungsgemeinschaft und die Einstellung des permanenten Festhaltens in jeder Form: Festhalten an den bestehenden Kunden, Festhalten an den Produkten, Festhalten am Verkaufsstil.

4. Wer arm geworden ist, der bleibt für ewig arm! Dieser Effekt kann bei Absteigern eintreten, die Kunden abgeben müssen oder bereits massiv verloren haben. Als Führungskraft ist darauf zu achten, einen Verkäufer, der aus der Abstiegsspirale austritt, auch dementsprechend zu unterstützen und diesem wieder Kunden zuzuführen.

Kapitel 7

Die Beobachter

Das klassische Versprechen »Wer immer mehr arbeitet, erhält am Ende des Tages auch mehr!« ist nicht eins zu eins auf den Vertrieb übertragbar. Hier zählt also nicht die Arbeit, sondern immer nur die Leistung – genau das ist eines der Kernthemen der Beobachter. Der Beobachter ist in der Regel nicht träge, sondern sehr bemüht, es fehlt ihm aber der Leistungsgedanke, den erst einen guten Verkäufer ausmacht. Das gemeinsame an Beobachtern ist, dass die Verkäufer ein hohes Maß an Engagement aufweisen. Sie sind zwar schon beim Verkaufen *aktiv* dabei, aber sie sind noch *nicht* erfolgreich. Beobachter müssen daher lernen, besser zu verkaufen.[18]

Gute Arbeitsbilanz – miese Leistungsbilanz

Das erste, was viele Beobachter lernen müssen ist, Leistung nicht mit Aufwand zu verwechseln. Vor allem, wenn Verkäufer aus anderen Unternehmensbereichen in den Vertrieb wechseln, hört man Aussagen wie: »Ich schufte ja, ich arbeite ja und ich mache dies und jenes«, aber das ist eben nicht das Gleiche wie »Ich leiste etwas«. Ein Aufwand, den man erbringt, kann – muss aber nicht – unbedingt etwas mit Leistung zu tun haben. Diese Erkenntnis, dass letztlich nur die Leistung zählt, ist wesentlich bei den Beobachtern. Viele glauben, wenn sie brav arbeiten, dann leisten sie bereits, aber das ist im Vertrieb nicht der Fall. Bei einer Leistung gibt es immer Ergebnisse und es wird nicht der Aufwand dahinter gemessen. Viele müssen lernen, erst etwas von sich herzugeben, um ergebnisorientiert zu arbeiten. Die Aussage »Die Arbeitsbilanz ist hervorragend, die Leistungsbilanz jedoch gehört verbessert!« gilt für alle bei den Beobachtern vorkommenden Typen.

So sind die Beobachter

Die Gesamtheit der Aufsteiger zerfällt in fünf Typen. Im Folgendem werden die wichtigsten Typen der Beobachter vorgestellt.

Typ 11: Der Kaltstarter

> Ich will schnell alle Kunden kennenlernen!
> Was kann ich noch alles machen, damit der Kunde bei mir bestellt?

Es ist unmöglich zu laufen, bevor man richtig gehen kann. Die Ehrgeizigen wollen flott vorankommen, ohne sich bei den Kunden und im Markt noch richtig bewegen zu können. Das Wollen ist beim Kaltstarter stärker ausgeprägt als sein aktuelles Können. Kaltstarter überraschen die Kunden, begeistern sie auch und sind dann häufig viel zu ungeduldig und auch zu herausfordernd im Kundenkontakt. Der Druck, der ausgeübt wird, erzeugt beim Kunden häufig einen Gegendruck. Dieser Gegendruck äußert sich in einem Herauszögern von Entscheidungen. Und wenn Entscheidungen hinausgezögert werden, dann setzt der Kaltstarter noch mehr Druck an. Ein Teufelskreis beginnt zu entstehen. Vor allem in komplexen Verkaufssituationen tut sich der Kaltstarter schwer. Längere Verkaufsprozesse benötigen einfach Zeit, um Vertrauen und Respekt bei den Kunden aufzubauen. Er ist auch der Typ, der seine Kunden vielfach auf gute Ideen bringt, doch der Kunde bestellt dann woanders. Viele Ideen, aber keine Umsetzung – dies ist die häufigste Bilanz seiner Aktivitäten. Seine Kontaktstärke ist leider mit einem Qualitätsmangel verbunden. Die Kontakte lassen sich nicht in Ergebnisse umwandeln. Die Resultate stellen sich nur langsam ein und viele Kunden zeigen gar keine Reaktion. Der Kaltstarter stellt sich häufig die Frage: Was soll ich noch alles machen, dass er bei mir und nicht beim Wettbewerb bestellt?

Das Wesen der Kaltstarter

Verkaufsverhalten: Der Kaltstarter zeichnet sich durch sein besonders engagiertes Verhalten in der Kundenbetreuung aus. Er versucht, bei den Kunden akzeptiert zu werden und sie an sich zu binden. Leider gelingt ihm das nicht immer. Die Ablehnungsrate bei seinen Geschäften ist hoch und er benötigt noch einiges an Verkaufsqualität, um seine Trefferquoten bei den Kunden zu verbessern. Sein Verhalten wirkt auf viele Kunden zu übertrieben, sodass sie erst einmal in eine Wartestellung gehen und den Verkäufer eine zeitlang beobachten, bevor sie ihm das nötige Vertrauen schenken.

Kompetenz: »Das zu wollen, was man nicht kann, wäre töricht« (Leonardo da Vinci). Es ist die Kompetenz und die noch nicht vorhandene Leistungsintelligenz, die hier eindeutig fehlen. Das hohe Engagement bringt nicht immer den gewünschten Erfolg, daher ist eine Verbesserung der Kompetenz notwendig. Grundsätzlich kann ein Kompetenzdefizit in allen Bereichen der verkäuferischen Fertigkeiten vorliegen, von der Abschlussschwäche bis hin zur Kundenakzeptanz.

Steckbrief 11: Der Kaltstarter (»Der bemühte Verkäufer«)

Motivierte, aber plan-und ziellose Aktionitis

Stereotyp

Stark bemühter und begeisterungsfähiger Verkäufer mit einem Qualitätsdefizit

Motto

Kontakte sind das A und O des Verkaufens

Arbeitsstil

Verkäufer, der viel Zeit mit der Kontaktpflege von Kunden verbringt

Zielorientierung

Will von den Kunden akzeptiert werden und verwendet viel Energie, um gefällig zu sein

Leistungsbereitschaft

Investiert viel Aufwand in die Kundenbetreuung

Führungsansatz

Förderprogramm mit fachlicher Unterstützung. Verkaufskompetenzstufen, Minimalstandards einführen, Qualifizierung vertiefen

Werkzeuge

Retrograde Ziele für die Verbesserung der Trefferquote vereinbaren, Parallelbesuche, Betreuung und Verkaufstrainings

Coaching

Chancen erkennen und ausschöpfen lernen

Sein Ehrgeiz, viele Kunden zu kontaktieren, macht ihn häufig blind für die Tatsache, dass er den Kunden zwar auf neue Produkte und Dienstleistungen aufmerksam macht, aber es nicht ausreicht, um auch vertrieblich erfolgreich zu sein. Der Kunden kauft dann lieber beim Wettbewerb ein.

Führungsansatz

In der Praxis hat sich das Führen mit Minimalstandards (Sales Competence Levels) bewährt. Der Verkaufsleiter legt gemeinsam mit dem Mitarbeiter die Mindeststandards im Verkauf fest. Dabei werden beim Kaltstarter vor allem Standards bei der Produktivität und der Trefferquote definiert. Der Verkäufer soll erst dann mit einem weiteren Kontaktaufbau weitermachen, wenn seine Qualität passt und er erste Erfolge einfährt. Dieser Kompetenz-Check ist durch die Führungskraft laufend durchzuführen. Es sollte ein gemeinsames Festlegen von Mindeststandards bei der Verkaufsleistung geben. Damit ist gewährleistet, dass der Kaltstarter lernt, den notwendigen Respekt beim Kunden aufzubauen, damit der Kunde ihn akzeptiert.

Coaching

Es muss dem Verkäufer klargemacht werden, dass ein weiteres Erweitern der Kontakte erst dann sinnvoll ist, wenn auch die Ergebnisse passen. Gemeinsam mit dem Verkäufer ist die Frage zu klären: Welcher Grad von Fähigkeiten muss vorhanden sein, damit ein Kunde einem Vertrauen schenkt? Daher ist es wichtig, mit dem Verkäufer klare Regeln über die Verkaufsqualität zu vereinbaren. Parallelbesuche, Doppelbetreuung, Begleiten von Verkaufskollegen sind die wichtigsten Werkzeuge im Coachingprozess. Hier ist wichtig, festzulegen: Wer kann was von wem lernen? Eine weitere Unterstützung kann eine Selektion von Kunden sein, bei denen ein Erfolg möglich ist und die Chancen hoch sind.

Typ 12: Der Kontakter

> Ich will jeden Kunden zu meinem Kunden machen!
> Mein Einsatz wird sich schon rechnen!

John F. Kennedy hat gesagt: »Einen Vorsprung im Leben hat, wer da anpackt, wo die anderen erst einmal reden.« Diesen Spruch sollte vor allem der Kontakter beherzigen. Der grandioseste Kontakt mit den Kunden bleibt ohne Geschäft. Es bleibt eben nur ein Kontakt. Kontakter sind Verkäufer mit einem ausgezeichneten Ersteindruck beim Kunden, bei jedem weiteren Eindruck jedoch verliert der Kunden immer mehr und mehr das Interesse an einer Geschäftsbeziehung. Und obwohl der Kunde den Verkäufer nett findet und ihn auch mag, bestellt er dennoch lieber beim Wettbewerb, da er zum Wettbewerbsverkäufer mehr Vertrauen und Respekt hat. Der Kontakter hat oft sehr viele und sehr gute Kontakte und die Kunden sind auch gerne mit dem Kontakter zusammen; schade ist nur, dass aus ihnen so wenig gemacht wird. Der Unterschied zum Kaltstarter ist, dass der Kontakter die Wesenszüge des Kaltstarters noch stärker einbringt, also noch mehr Kontakte, die unverbindlich sind, und zu keinen Resultaten führen.

Das Wesen der Kontakter

Verkaufsverhalten: Der Kontakter läuft zum Kunden und am Endes des Tages waren es nur leere Kilometer, die er gelaufen ist. Der Kontakter ist ein Verkäufer, der kontaktfähig und stark beziehungsorientiert ist. Diese Eigenschaften führen dazu, dass er sich leicht tut, Kontakte bei Kunden und Interessenten aufzubauen. Auch besitzt er die Fähigkeit, im ersten Eindruck zu glänzen und zu beeindrucken. Die Erwartungshaltung der Kunden ist entsprechend seines Erstauftritts sehr hoch. Leider kann er diese Erwartungshaltung in der Folge nicht erfüllen. Mit jedem weiteren Eindruck hat der Kunde einen schlechteren Eindruck von dem Verkäufer. Das führt dazu, dass er im Vergleich zu den Wettbewerbern immer mehr zurückfällt und der Kunde einfach nicht kauft. Als »Kontaktkaiser« erhöht er daraufhin wieder sein Kontaktverhalten mit dem Effekt, dass immer mehr Kunden durch den Kontaktverkäufer »verbrannt« werden. Dieses Verhalten ist vor allem in entwickelten Märkten, wo es eine beschränkte Anzahl von Kunden gibt, sehr gefährlich. Hier ist die Gefahr gegeben, dass »Kunden verbrannt« werden. Dieses Verhalten sollte daher von der Führungskraft schnell erkannt und rasch unterbunden werden. Eine Besonderheit ist die Bearbeitung von Reklamationen, denn sie ist eine für den Kontakter sehr schwierige Situationen. Hier hat der Kontakter das großzügigste Verhalten aller Verkäufertypen, aber er zieht sich bei Schwierigkeiten auch gerne vom Kunden zurück.

Kompetenz: Es gibt eine Form des Verkaufens, bei der der Kontaktverkäufer sehr beliebt ist. Das ist überall dort der Fall, wo es möglich ist, im Team zu verkaufen: Also einer baut den Kontakt auf und der zweite Verkäufer übernimmt den Kunden und betreut ihn dann (Farmer/Hunter-System). Der eine Verkäufer stellt den Kontakt her, der andere schließt das Geschäft ab und betreut ab einem bestimmten Zeitpunkt die Kunden alleine. Das ist häufig bei großvolumigen Geschäften der Fall und auch sehr sinnvoll. Das System kann dort eingesetzt werden, wo die Geschäftsergebnisse es rechtfertigen, mit zwei Verkäufern den gleichen Kunden zu betreuen. In allen anderen Fällen ist mit einem gezielten Kompetenzaufbau beim Verkauf in Richtung Verkaufsqualität zu beginnen, um zu vermeiden, dass der Verkäufer zum »Durchlauferhitzer« von Kunden wird.

Steckbrief 12: Der Kontakter (Der »leere Kilometer«-Verkäufer)

Sehr kontaktfreudig, aber unverbindlich

Stereotyp

Aktivitätsorientierter Verkäufer ohne Verkaufserfolge

Motto

Wenn mich die Kunden kennen und auch mögen, werden sie auch bei mir kaufen

Arbeitsstil

An vielen neuen Erfahrungen interessiert und Spontaneität bei der Bearbeitung von Aufgaben. Verbringt viel Zeit beim Kunden, um Beziehungen aufzubauen

Zielorientierung

Beziehungsorientiert und akzeptanzorientiert; will, dass die Kunden ihn mögen

Leistungsbereitschaft

Investiert viel Aufwand in den Marktaufbau, kann daraus aber keine Ergebnisse generieren

Führungsansatz

Fachliche und verhaltensorientierte Unterstützung. Vermeiden eines zu hohen »Durchlaufs« von Kunden

Werkzeuge

Verkaufstrainings, um zu lernen, Verbindlichkeit im Kundenkontakt aufzubauen

Coaching

Aufbau von Vertrauen und Respekt beim Kunden, Verkaufsstandards und Abschlusstechnik

Führungsansatz

Der Verkäufer läuft viele leere Kilometer, und das ist sein Hauptproblem; er ist bemüht, aber das meistens vergebens. Leere Kilometer füllen den Tag aus, bringen aber sonst wenig. Wenn das Bemühen um den Kunden wenig Erfolg zeigt, dann ist meistens der Wettbewerber erfolgreich. Hier ist die Führungskraft gefordert, klare Qualitätsvorgaben aufzustellen und auch vom Verkäufer zu fordern. Vor allem die Quoten der Verkaufsqualität gehören verbessert. Außerdem ist es wichtig, Parallelbesuche durchzuführen, um den Kunden im Notfall abzusichern. Auch das Verkaufen im Team ist wichtig, um den Kunden nicht zu verlieren. Wer nicht gelernt hat, Erfolge einzufahren, und weiterhin seine Kontaktaktivitäten immer mehr ausdehnt, wird dem Markt Schaden zufügen und seine Kundenbasis langfristig verringern.

Coaching

Erstens: Lernen Sie, dem Verkäufer dabei zu helfen, viele leere Kilometer zu vermeiden. Reflektieren Sie die Verkaufschancen, analysieren Sie sie und zeigen Sie dem Verkäufer, wie man sich in den wichtigsten Chancen verbeißt. Damit lernt er, sich auf das Wesentliche zu konzentrieren. Solange sich keine echten Erfolge einstellen, macht es wenig Sinn, sich auf Neues zu fokussieren. Energie wird verschwendet, wenn sie nicht zu Resultaten führt. Zweitens ist es wichtig, dem Kontakter das verhaltensorientierte Wissen – vor allem das produkt- und verkaufstechnische – näherzubringen. Hier soll der Verkäufer lernen, Vertrauen und Respekt beim Kunden aufzubauen. Zur Kontrolle eignen sich Mindeststandards, bei denen Trefferquoten definiert werden, die einzuhalten sind.

Typ 13: Der Aufwändige

Ich will, dass jeder Kunde mit mir zufrieden ist. Ich will es allen rechtmachen. Das habe ich immer schon so gemacht!

Welcher Verkäufer verlässt am spätesten das Büro? Bei welchem Verkäufer dauern die Verkaufsgespräche sehr lange? Wer stellt seine Zeit gerne anderen Verkäufern und auch Mitarbeitern aus anderen Abteilungen zur Verfügung? Wer ist sehr hilfsbereit? Richtig, es ist der Aufwändige. Aufwändige gehen mit ihrer eigenen Zeit nicht sorgsam um, und sie kosten die Führungskraft viel Zeit in der Betreuung. Aufwändige sind vielfach übervorsichtig und auf eine meist umständliche Art bemüht, Kunden, Vorgesetzte, Kollegen und Unternehmen zufriedenzustellen. Die Kunden schätzen ihn als bemüht, aber vielfach auch als zu langweilig ein. Er hat Angst, seine Position und Stellung im Markt zu verlieren. Er vermeidet es vor allem, Fehler zu machen, und er versucht es auszuschließen, dass so ein Unglück eintritt. Er meidet auch Herausforderungen und Klarstellungen beim Kunden und versucht mit hohem Engagement und Entgegenkommen, seine Kunden zu binden.

Das Wesen des Aufwändigen

Verkaufsverhalten: Der Aufwandsverkäufer ist ein sehr bemühter, fleißiger, strebsamer Verkäufer, der gelernt hat, jede Herausforderung im Verkauf durch ein besonders hohes persönliches Engagement zu meistern. Seine Servicebereitschaft ist in jeder Hinsicht sehr hoch. Sie beschränkt sich nicht nur auf den Kunden, sondern er übt sie auch im Unternehmen aus. Er ist jener Verkäufer, der alle sinnvollen, aber auch sinnlosen Aufgaben gewissenhaft erfüllt. Er fühlt sich einem inneren Drang verpflichtet, seine Aufgaben gründlich und gewissenhaft zu erledigen. Dieses Erfolgsrezept beginnt in jenem Moment zu kippen, wo ein Mehr an Detailorientierung, Gewissenhaftigkeit und Gründlichkeit zu keinem besseren Ergebnisse mehr führt. Der Aufwandsverkäufer arbeitet bereits viel und in der Folge immer mehr, das Ergebnis bleibt aber nahezu das Gleiche. Hier ist vor allem die Art und Weise, wie gearbeitet wird, zu hinterfragen. Unnötige Tätigkeiten, die umsatz- und ergebnisneutral sind, werden gemacht, um den eigenen Anspruch an Genauigkeit und an Engagement zu befriedigen. Wird dem Aufwandsverkäufer gezeigt, wie Ergebnisse auch mit weniger Aufwand erreicht werden können, dann lernt er sein Engagement zu drosseln und nur jene Tätigkeiten durchzuführen, die rasch und unmittelbar zu Ergebnissen führen. Daher ist eine Überprüfung der Arbeitsmethodik notwendig.

Kompetenz: Die Kunden schätzen seine Art der Betreuung und den Umgang mit ihm. Das Kundenvertrauen in den Aufwändigen ist sehr hoch. Er hat vielfach ein vorbildliches Kundenverhalten. Er ist jener Verkäufer, der sich in seiner Entwicklung selbst bremst, indem er zu wenig pragmatisch an die Bearbeitung seiner Aufgaben herangeht.

Steckbrief 13: Der Aufwändige (»Der perfekte Verkäufer«)

Bemühter Unterstützer

Stereotyp

Fleißiger Verkäufer mit geringem Aufwands- und Zeitoptimierverhalten. Häufig ein Kumpel-Typ, der seine Zeit gerne anderen zur Verfügung stellt

Motto

Ich will niemanden enttäuschen, deswegen arbeite ich gründlich und gewissenhaft

Arbeitsstil

Stellt seine Zeit großzügig den anderen zur Verfügung; ist bemüht, höflich und sehr serviceorientiert

Zielorientierung

Sucht nach starker Akzeptanz durch perfekte Lösungen

Leistungsbereitschaft

Investiert viel Aufwand in den Beziehungsaufbau

Führungsansatz

Pragmatischen Arbeitsstil erlernen und Eingreifen in die Autonomie der Arbeit

Werkzeuge

Zeit- und Aufwandsmanagement

Coaching

Vorgaben für die Verkäufertätigkeiten vereinbaren

Führungsansatz

Kümmern und Helfen sind die größten Zeiträuber des Aufwandsverkäufers. Das Zielobjekt des Kümmerns können Kunden, aber auch die eigene Organisation sein. Die Aufgabe der Führungskraft ist das Einführen eines Zeit- und Prioritätenmanagements für den Verkäufertyp. Damit soll das Augenmerk auf das Optimieren und Rationalisieren der Arbeitsabläufe gelenkt werden. Wann ist die Aufgabe gut genug gelöst? Und ab wann ist eine Tätigkeit eine nett gemeinte Fleißaufgabe, die man auch weglassen kann? Dem Verkäufer soll dabei in einem ersten Schritt gezeigt werden, wie er die gleichen Ergebnisse mit einem geringeren Zeit- und Energieaufwand erreichen kann. Ist dieser Zustand erreicht, dann kann das Aktivitätsniveau wieder schrittweise angehoben werden. Pragmatische Vorgaben und Standards sind hilfreich, vor allem beim Service am Kunden und bei der Übernahme von Aufgaben im Unternehmen. Zeitweise ist es auch sinnvoll, dem Mitarbeiter zu verbieten, gewisse Aufgaben zu übernehmen.

Coaching

Notwendiges und Wichtiges ist immer vorrangig zu bearbeiten, Dringendes ist nur dann sofort zu bearbeiten, wenn es wichtig oder notwendig ist. Stellen Sie dem Verkäufer die Frage: Stellen sie sich vor, Sie gehen morgen in Urlaub, was würden Sie dann heute noch machen? In der Regel wird dann nur das Wichtige und Notwendige gemacht. Diese oder ähnliche Basisregeln des Zeitmanagements sind dem Aufwändigen beizubringen. Das zweite wichtige Thema, in dem Aufwändige gecoacht werden sollen, ist das Aufwandsmanagement. Hier empfiehlt es sich, klare Vorgaben für die wichtigsten Tätigkeiten im Prozess des Verkaufens zu erstellen, zum Beispiel festzulegen, wie lange die Erstellung eines Angebots oder ein Kundenbesuch dauern dürfen und wie durch eine Routenoptimierung Sternfahrten vermieden werden können. Jede Tätigkeit ist in Arbeitsschritte zu zerteilen und dann sind Vorgaben zu erstellen, wie lange jeder einzelne Schritt dauern darf.

Typ 14: Der Stabile

> In bin zufrieden mit meiner Leistung und es gibt viele,
> die bei Weitem nicht das leisten wie ich selbst!
> Warum soll ich etwas verändern?

Mittelmaß ist das Ziel. So lautet das Motto des Stabilen. Führt dieses Zielverhalten selbst zur Mittelmäßigkeit? Der Durchschnitt ist das angestrebte Ziel; so könnte man das Arbeitsverhalten des stabilen Verkäufers bezeichnen. Zufriedenheit mit der erreichten Position und die Orientierung an der Mitte, ist das Leistungsverhalten der Stabilen. Die Stabilen sind freundlich zu den Kunden, sie wollen weder Stars wie die Aufsteiger sein, noch wollen sie die Herausforderungen der Leistungselite annehmen.

Das Wesen der Stabilen

Verkaufsverhalten: Die sehr breit gesetzte Mitte der Verkäufer ist die absehbarste Gruppe unter den Verkäufern. Die Vereinbarungen, die hier getroffen werden, werden mit hoher Wahrscheinlichkeit immer eingehalten. Vorhersehbar und planbar ist das Verhalten auch bei den Kunden. In seinem Verhalten vermeidet es der Stabile, extremes Engagement (»going the extra mile«) in der Kundenbeziehung zu zeigen, und kommt damit in seiner Qualität nicht an die Werte der Leistungselite heran. Stabile fallen in der Verkaufsmannschaft nicht sonderlich auf. Die Kunden beschreiben den Stabilen als einen normalen Verkäufer, bei dem alles reibungslos und erwartungsgemäß abläuft. Die Verkaufsprozesse werden klassisch und vorschriftsmäßig abgearbeitet. Aristoteles hat die Freundlichkeit als eine Eigenschaft der Mitte bezeichnet. Er beschreibt diese als Mitte zwischen dem Streitsüchtigen, dem Herausfordernden und dem Gefallsüchtigen. So lässt sich am ehesten auch der Stabile darstellen. Bei Reklamationen und Beschwerden durch den Kunden reagiert er häufig kleinkariert und vorschriftsmäßig.

Kompetenz: Seine Trefferquoten sind nicht überwältigend, sein Kundenschwund wird als mäßig bezeichnet. Sein Auftritt beim Kunden wird als normal, üblich und gängig bezeichnet. Bei neuen Themen wie dem Einführen von neuen Produkten wirkt er bescheiden und zurückhaltend. In Branchen mit hohem Abschlussdruck muss der Stabile lernen, Druck in der Kundenbeziehung zu meistern.

Steckbrief 14: Der Stabile (»Der freundliche Verkäufer«)

Mittelmäßige, aber stabile Leistung

Stereotyp

Anpassungswillig mit hoher Integrationsbestrebungen und moderater Leistungsbereitschaft

Motto

Die Mitte ist das Ziel. Was ich erreichen wollte, habe ich bereits geschafft

Arbeitsstil

Routinierte und konsequente Bearbeitung

Zielorientierung

Immer am Durchschnitt orientiert. Will sich absichern und nicht absteigen und trotzdem besser sein als die schlechten Verkäufer

Leistungsbereitschaft

Moderater Aufstiegswilliger, will aber auf keinen Fall absteigen

Führungsansatz

Leistungsgruppendynamik

Werkzeuge

Leistungssprung einleiten

Coaching

Komfortzone verschieben

Warum gibt sich der Stabile mit dem Mittelmaß zufrieden? Warum entsteht Zufriedenheit, wenn der Durchschnitt erreichet ist? Es ist sein persönliches Zielverhalten und Anspruchsverhalten, das ihn dazu bringt. Der stabile Verkäufer erbringt sowohl von der Aktivitäts- als auch von der Qualitätsleistung immer wieder Durchschnittswerte, diese aber kontinuierlich. Er gehört nie zu den Besten, aber auch nie zu den Schlechtesten. Sein Ziel- und Leistungsverhalten ist tatsächlich immer auf den Durchschnitt ausgerichtet. Er ist sich im Klaren darüber, dass es sowohl bessere als auch schlechtere Verkäufer gibt und ist mit seiner Position sehr zufrieden. Verändert sich das Leistungsverhalten an der Spitze oder am Ende der Leistungsskala, passt er sein Leistungsverhalten insofern an, als dass er wieder zur Mitte tendiert. Das Wissen um seine Position ist dem stabilen Verkäufer wichtig. Er ist der Verkäufer, der die eigene Leistung im Vergleich zu seinen Verkäuferkollegen am besten abschätzen kann.

Führungsansatz

Transparenz ist das wichtigste Werkzeug bei der Führung von Stabilen. Als wichtig und effektiv hat sich die Einführung vieler Rankings bewährt. Wenn die Führungskraft viele Rankings einsetzt, dann ist die Wahrscheinlichkeit hoch, dass der Stabile bei einigen unter dem Durchschnitt liegt. Allein diese Erkenntnis bewirkt bereits eine Ergebnisverbesserung beim stabilen Verkäufer. Ein Beispiel: Das Gesamtziel wird in Umsatzziele, in Deckungsbeitragsziele, in Produktziele und in Organisationsziele heruntergebrochen. Jedes dieser Ziele hat nun weitere Unterziele. So wird zum Beispiel der Gesamtumsatz in Quartalsumsätze zergliedert, zusätzlich in einen Aufholumsatz und in einen Beschleunigungsumsatz. Wenn der Stabile in jedem einzelnen Ziel zumindest über der Mitte liegt, steigt sein Gesamtergebnis überproportional.

Coaching

Qualität statt Mittelmäßigkeit zahlt sich immer aus. Das Aufzeigen von vielen Verbesserungspotenzialen, vor allem bei der Verkaufsqualität, zeigt dem stabilen Verkäufer, wo er noch vom Durchschnitt entfernt ist. Dadurch wird der Stabile sein Verhalten aus eigenem Antrieb verbessern. Sehr differenzierte Leistungsanalysen sind eine wirkungsvolles Mittel im Coaching des Stabilen. Als Führungskraft zeigen Sie dem Stabilen, wo Verbesserung möglich ist. Bei einer sehr differenzierten Betrachtung der Leistung und bei vielen Zielen versucht der Stabile immer, zumindest die Durchschnittsleistung zu erreichen. Die Gesamtleistung steigt damit deutlich an.

Typ 15: Der Kümmerer

> Ich kümmere mich um alles, mag es noch so klein und unbedeutend sein.

Atemlos hetzt der Kümmerer von einem Kundentermin zum anderen. Wo andere Verkäufer eine Bedarfsanalyse durchführen, macht er zwei, wo andere ein einziges Kurzangebot versenden, besucht er zusätzlich den Kunden, erstellt mehrere Angebote und rechnet jedes Angebot in verschiedenen Varianten durch. »Ich lese dem Kunden, und allen die etwas von mir wollen, jeden Wunsch von den Augen ab und erfülle diesen sofort«, lautet der Schlachtruf der Kümmerer. Jeder Chance, mag sie noch so klein und unbedeutend sein, wird nachgegangen. Kein Aufwand ist dem Kümmerer zu groß, um Kunden zu betreuen. Kein Wunder, dass der Kümmerer von den Kunden, die er betreut, auch sehr geschätzt wird. Zu seinem großzügigen Aufwandsverhalten kommt häufig ein vorauseilender Gehorsam dazu. Es werden Arbeiten gemacht, von denen der Kümmerer glaubt, sie wären zu machen, aber tatsächlich benötigt sie keiner. Die Frage, die sich hier stellt, ist: Wie viel kümmern ist sinnvoll, um Kunden optimal zu betreuen, und ab wann wird kümmern schlichtweg unproduktiv? Denn übermäßige Fürsorge ist weder für die Kunden noch fürs Unternehmen gut. Wer sich zu viel um andere kümmert, denkt häufig nicht an sich selbst, an das Erreichen der Ziele und häufig auch nicht an die Verschwendung der eigenen Energie. Viele Kümmerer haben daher nicht mehr die Energie, um sich strategisch weiterzuentwickeln.

Das Wesen der Kümmerer

Verkaufsverhalten: Ein extremer Service am Kunden und an den Prozesse führt dazu, dass der Kümmerer die höchste Arbeitslast von allen Verkäufern hat. Die Anzahl seiner Aktivitäten ist dabei genauso hoch wie bei den Leistungsträgern des Vertriebs, aber der Aufwand, der dahintersteckt, ist wesentlich höher. Man bedenke: Arbeitslast ist Arbeitszeit. Kein Wunder, dass hier auch die psychische Belastung sehr hoch ist. Der Kümmerer kommt in einer hilfreichen und in einer peniblen Variante vor. Beide Kümmererarten haben, egal aus welchen Motiven heraus, den hochsten Aufwand der Kundenbetreuung.

Kompetenz: Die Kunden sind meist vom Kümmerer begeistert und können sich kaum eine bessere Betreuung vorstellen. Vor allem das Vertrauen der Kunden in den Kümmerer ist sehr hoch. Der Kümmerer muss den erfolgreichen Umgang mit den täglichen Belastungen erlernen und die Erfahrung machen, dass weniger manchmal einfach mehr ist. Er sollte lernen, die Aufgaben gelassen und sicher zu erfüllen. Eine perfekte Kundenbetreuung zu vernünftigen eigenen Kosten wie Arbeitszeit oder Energie ist anzustreben.

Steckbrief 15: Der Kümmerer (»Der penible Helfer«)

Hilfsbereite oder detailorientierte Effektive mit geringer Effizienz

Stereotyp

Zielstrebige Anpassungswillige mit hoher Arbeitsbereitschaft

Motto

Ich will es allen perfekt und umfassend rechtmachen

Arbeitsstil

Muss sich immer wieder zurechtfinden, Administratives dauert sehr lange, verwechselt Aufwand mit Leistung

Zielorientierung

Will nicht absteigen und will besser sein als die schlechten Verkäufer

Leistungsbereitschaft

Moderater Aufstiegswilliger

Führungsansatz

Perfektionsanspruch vermindern und Pragmatismus fördern

Werkzeuge

Leistungssprung einleiten

Coachingthemen

Aufwandsmanagement: mit weniger Arbeit das Gleiche erreichen. Komfortzone verschieben

Der Kümmerer ist ein Paradebeispiel für Engagement und proaktive Kundenbetreuung. Leider ist sein Arbeitseinsatz verglichen mit den Ergebnissen viel zu hoch. Meist steht hinter dem Verhalten des Kümmerers eine soziale oder helfende Idee. Der Kümmerer freut sich, wenn er helfen und unterstützen kann. Dieses Verhalten kann man auch übertreiben. Einige Kümmerer sind auch Perfektionisten, die aufgrund ihrer Detailverliebtheit und ihres peniblen Verhaltens einen sehr hohen Arbeitsaufwand haben. Kümmerer wollen oft zu perfekt sein und alles machen, und damit werden sie unproduktiv. Diese brutale Erkenntnis ist wichtig. Ein gesunder Pragmatismus ist hier angebracht. Muss wirklich alles gemacht werden oder reichen nicht auch 80 Prozent? Leistung hat häufig nichts mit Gründlichkeit und Gewissenhaftigkeit zu tun. Verkäufer müssen sich heute um sehr vieles kümmern – und die Ansprüche von Unternehmen, Marketing und Controlling werden immer höher. Aber das Kümmern darf nicht Selbstzweck werden.

Führungsansatz

Mit weniger Arbeit das Gleiche erreichen ist die erste und wichtigste Erkenntnis, die der Kümmerer erlernen sollte. Aufwands- und Zeitmanagement sind jene Themen, auf die eine Führungskraft achten soll. Die Führungskraft soll ihn dabei mit allen Mitteln unterstützen. Vor allem die Definition von Aufwand und des dafür verwendeten idealen Zeitvolumens sind für den Verkäufer wichtig. Also ist genau zu definieren, welche Priorität und welcher Zeitaufwand einer Aufgabe zugesprochen wird. Wichtig ist es auch, pragmatische statt perfekte Lösungen zu schaffen. Eine Möglichkeit ist hier, in der menschlichen Betreuung der Kunden weiterhin das Verhalten eines Kümmerers zu behalten, aber bei der Umsetzung der Aufgaben streng pragmatisch vorzugehen. Ist es nicht möglich, hier eine Veränderung herbeizuführen, ist die harte und unausweichliche Frage zu stellen, ob der Mitarbeiter trotz hohen Engagements überhaupt für den Vertrieb geeignet ist.

Coaching

Der Kümmerer macht sich sein Leben unnötig schwer. Vor allem wenn er vor einer Handlung alle möglichen Alternativen durchkalkuliert, anstatt eine rasche, pragmatische Lösung für den Kunden zu finden. Die erste Lektion, die der Kümmerer lernen muss, ist die Unterscheidung, wann es sinnvoll ist, sich um etwas zu kümmern, und wann nicht. Erstens hilft hier eine Aufgabenbewertung und eine Kundenzeitanalyse im Coachingprozess. Sie kann dem Verkäufer aufzeigen, was mit seiner Leistung nicht stimmt. Alle Tage und die komplette Woche sind dabei gemeinsam mit dem Kümmerer minutiös mit Aufwandsblöcken und den entsprechenden Zeitfenstern zu planen. Der Verkäufer sollte sich an den Durchschnittswerten des Aufwands orientieren können und Abweichungen nach oben (also das Kümmern) begründen und mit seiner Führungskraft besprechen. Zweitens ist das Abschaffen von zahlreichen Zeremonien in der Organisation wichtig, da vor allem penible Kümmerer diese gerne pflegen.

Merkmale der Beobachter

1. Die wichtigste Ressource für die Veränderung bei den Mitarbeitern liegt beim Verkäufer. Erst durch ein kontinuierliches und zielgerichtetes Handeln ist es möglich, sich zu verändern und verbesserte Leistungen zu erbringen. Hier ist auch zu beachten, dass bei allen Beobachtern auf ein anspruchsvolles Lernklima im Kompetenzerwerb zu achten ist. Und das bedeutet, dass bei den Lernprozessen immer leistungsstarke Mitarbeiter eingebunden sein sollen, nur dann können auch Beobachter profitieren. Sind in der Lerngruppe Mitarbeiter mit niederem Leistungsanspruch, dann kommt es zu einem Anpassen an den unteren Teil des Leistungsspektrums (vergleiche auch Kapitel 9 und 10).
2. Beobachter sind jeden Tag, jede Woche und jedes Jahr bei ihren Kunden und in den Märkten, ohne jedoch richtig am Geschäftsleben teilzunehmen. Oft geben sie damit den Wettbewerbern wichtige Hinweise, ohne einen Nutzen daraus zu ziehen. Hier sind Maßnahmen zu ergreifen, die diesen negativen Effekt bekämpfen.

Kapitel 8

Die Subtypen

»Also, ich bin echt ratlos!«, so die Aussage eines Verkaufsleiters. »Ich habe einige extreme Verkäufer, die entweder extrem auffällig oder total unscheinbar sind. Was kann ich tun?« Bei extremem Verhalten von Verkäufern muss die Führungskraft eingreifen. Hier zeigt sich echte Führungsarbeit. Bei einem extremen Verhalten will der Verkäufer entweder die Aufmerksamkeit auf sich ziehen oder untertauchen. Trotz der geringeren Anzahl an Verkäufern sind die Typen im Submilieu für die Führungsarbeit wichtig.

Wer im Submilieu richtig führt, zeigt seine wahren Führungsqualitäten. Wenn es um Schwierigkeiten zwischen Führungskräften und Mitarbeitern im Verkauf geht, dann ist meistens ein Typ aus dem Submilieu im Spiel. Warum ist das so? Vielen Mitgliedern der Submilieus fehlt der notwendige Respekt vor einer Führungskraft und dieser fehlende Respekt bewirkt, dass sich die Führungskraft oft ohnmächtig fühlt. Diese Konstellation ist in Vertriebsberufen viel ausgeprägter als anderswo. Einem Verkäufer, der eine hohe Leistung erbringt – zum Beispiel erwirtschaftet er dreimal so viel Umsatz und Deckungsbeitrag wie der Durchschnitt –, kündigt man nicht! Er hat einen hohen Wert für das Unternehmen. Wortwörtliche Aussagen aus der Unternehmensspitze an den Verkaufsleiter lauten: »Entweder Sie schaffen Ihre Hausaufgaben als Verkaufsleiter oder Sie verlassen das Unternehmen«, »Cash Cows sind bei uns immer zu pflegen«, »Wir haben uns noch nie von den Besten getrennt«. Viele Verkaufsleiter fühlen sich daher vor allem der Primadonna und der Diva ausgeliefert. Es ist also ein Reifekennzeichen einer Führungskraft, auch schwierige Typen führen zu können.

Die Typen hier sind Typen, die sich innerhalb anderer Typen befinden, nur agieren sie viel extremer und auffallender. Sie sind entweder viel »lauter« oder aber viel »leiser« als der zugrundeliegende Typ. Der »Typ im Typ« wird daher bei gleichem Leistungsverhalten anderes wahrgenommen, meistens extremer und ausgeprägter. Diese Typen haben das gleiche Leistungsverhalten und die gleiche Kompetenz wie der Typ, in dem sie sich befinden, sie haben aber ein gänzlich anderes Auftreten und werden daher anders wahrgenommen. Sie werden dabei weniger vom Kunden anders wahrgenommen als die Kollegen mit der gleichen Klassifizierung als vom Unternehmen und der Führung. Der Grund, warum wir sie als eigene Gruppierung führen, ist, dass sie zum Teil komplett anders zu führen sind als der zugrundeliegende Typ.

Loyale Störungen

Die Typen in Submilieus sind sehr schillernde und auffällige Charaktere. Genauso finden wir darunter aber auch sehr bescheidene und unauffällige Verkäufer. Manchmal seltsam, häufig kurios, was sich so alles in dem Submilieu tummelt. Doch die Subkultur bietet für die Führungskraft auch einige Vorteile: Erstens haben die Typen im Submilieu eine gute Antenne, ein gutes Frühwarnsystem im Vertrieb und damit auch fürs Unternehmen. Hier erkennen wir als erstes, ob Produkte unverkäuflich oder die Prognosen des Marketings nicht haltbar sind. Vielfach erkennen wir erst aus den Submilieus, welche Stimmung im Vertrieb für oder gegen ein Vorhaben herrscht, denn einige Vertreter des Submilieus scheuen sich nicht, diese Stimmung lauthals kund zu tun. Zweitens: Einige Typen haben in Vertriebsabteilungen die Funktion des Hofnarrens. Sie haben als einzige das Privileg, dem Verkaufsleiter und dem gesamten Management die Wahrheit offen ins Gesicht sagen zu dürfen. Subkulturen grenzen sich stark vom Mainstream der Umgangskultur ab. Typen in der Subkultur haben ein hohes Potenzial für Störungen, aber sie sind auch häufig der Ausgangspunkt für Veränderungen. Wenn eine neue Führungskraft ernannt wird, schauen alle Mitarbeiter auf die Primadonna und die Diva, um zu sehen, wie sie reagieren. Hier sind Mitarbeiter zu finden, die kein

Blatt vor dem Mund nehmen und auch sehr heikle Themen ganz offen ansprechen. *…Der Neue, der gerade aufgenommen wurde, hat auch beim Wettbewerb nichts zustande gebracht und die Aufnahme war eine Fehlentscheidung… Wie lange sollen wir noch den Mitarbeiter im Gebiet durchfüttern. Er bringt nichts… Die Marketingaktion ist ein kompletter Unfug, sie wurde von Leuten kreiert, die noch niemals einen Kunden gesehen haben…*

Sind nun die Aussagen von Typen im Submilieu ein Indikator für den Wandel oder sind sie pure Störung? Sie sind die Einzigen, die das Privileg zum offenen Wort haben. Sie haben eine gute Reputation im Unternehmen und wissen, dass ihnen nichts passieren kann. Für viele Führungskräfte sind daher die Submilieus ein gutes Frühwarnsystem für Stimmungen und zeigen mögliche Gefahren im Unternehmen auf, da sie häufig die Wahrheit sagen.

Dass es zur Entstehung von Subkulturen kommt, liegt häufig am Individualismus. Der Weg in die Subkultur ist freiwillig und meistens sind es sehr gute Mitarbeiter, die in die Subkultur gehen. Das Ziel der Typen der Subkultur ist meistens eine Veränderung bestehender Anerkennungsprozesse. Man erkennt die Subkultur an der Art, wie der Mitarbeiter im Unternehmen auftritt und wie er mit seinem Vorgesetzten umgeht. Die Subkultur ist in der Regel leistungsorientiert, aber sie stellt eine prägnante Gegenkultur dar, welche die Ziele nicht infrage stellt, wohl aber die Art der Zielerreichung.

Schwierig, aber erfolgreich

Es gibt eine laute und eine stille Subkultur. Die Vertreter der lauten Subkultur, die wir hier behandeln, sind die Primadonna, die Diva und der Blender. Die stillen Vertreter sind der Schönwetterverkäufer und die Wiederblüte. Wer viel mit Verkaufsleitern zusammenarbeitet, wird erkennen, dass er – vor allem bezüglich der lauten Subkultur (bei der Primadonna und der Diva) – sehr widersprüchliche Reaktionen über das ideale Führungsverhalten erhält. Einige sind der Ansicht, diese Mitarbeiter sind sofort zu kündigen, weil sie den Betrieb belasten und Störer und Provokateure seien. Andere wiederum betrachten diese Störer und Provokateure als ganz wichtige Mitarbeiter, die unter allen Umständen gefördert gehören. Wie geht man also mit ihnen um?

Ein in der Praxis immer wieder auftretendes Thema ist der Umgang mit erfolgreichen, aber schwierigen Mitarbeitern: Wenn zum Beispiel die Führungskraft folgende Aussage trifft: »Herr Günter ist ein ausgezeichneter Verkäufer, aber er ist ein schwieriger, aufsässiger, eingebildeter und ein nicht kooperationsbereiter Kollege, und deshalb wollen wir uns von ihm trennen«, macht sie einen schwerwiegenden Fehler, der zu einer Schwächung des Marktdrucks führt und letztlich die eigene Position gefährdet. Man muss die Sache von der anderen Seite betrachten: »Herr Günter ist ein im Ungang mit den Mitarbeitern schwieriger Mensch, der Abläufe und Vorgaben ignoriert und wenig Rücksicht nimmt, aber er ist ein Eliteverkäufer und ein Leistungsträger des Unternehmens, der mit seinem Erfolg im Markt viele Gehälter im Unternehmen bezahlt und dem Wettbewerb viele Kunden abwirbt, und es ist meine Aufgabe als Vorgesetzter, alles dafür zu tun, ihn zu unterstützen, sodass er alles für seine Kunden tun kann und weiterhin am Markt so erfolgreich ist. Meine Aufgabe als Führungskraft ist es, auch alles zu tun, um seine ›Schattenseiten‹ im Unternehmen unschädlich zu machen. Seine Aufgaben ist es, Ergebnisse zu erzielen und seine Ziele zu erreichen und nicht ein im Umgang vorbildlicher Mensch zu sein. Er ist bei uns aus dem einen einzigen Grund: Er soll am Markt erfolgreich sein.«

Vielfach geht es bei den Submilieus darum, die Auswirkungen des Verhaltes der Typen zu neutralisieren oder zumindest das Zusammenarbeiten möglich zu machen.[19]

So sind die Subtypen

Die Gesamtheit der Subtypen zerfällt in fünf Typen. Im Folgenden werden die wichtigsten Vertreter der Subtypen vorgestellt.

Typ 16: Die Primadonna

> Verkaufen ist wie Theater und ich spiele in allen Stücken die Hauptrolle.
> Ich erlange meine Autonomie nur durch meine Leistung!

»Es kann nur eine Primadonna geben!«, »Es spielt immer nur einer die erste Geige«, »Vom Klassenbesten lasst euch sagen: Die beruflichen Karriere ist wie eine steile Treppe – aufzusteigen ist schwer, aber wer es geschafft hat, steht hier oben und blickt auf die anderen herab.« Die Primadonna fühlt sich immer als die klare Nummer eins, sie spielt im Theater des Vertriebs stets die Hauptrolle und sie sagt jedem, der es wissen will, welche Position sie hat, und zeigt es denen, die nicht danach fragen. Applaus im Vertriebstheater zu erhalten, ist für die Primadonna das wichtigste Lebenselixier. Sie ist nahezu süchtig danach und braucht täglich mehr davon. Die Primadonna ist kapriziös, schwierig und von sich selbst eingenommen und es gibt eine Reihe von Konflikten mit ihr. Die Primadonna sonnt sich in ihrem Ruhm und freut sich mehr als andere über jede Form der Auszeichnung. Im Bereich der Leistung spielt sie in der gleichen Liga wie der Regenmacher. Sie erbringt dieselbe Leistung nur viel, viel auffälliger: bester Verkäufer, bestes Preisniveau, die meisten Neukunden, ständiges Club-100-Mitglied, die meisten Zusatzverkäufe, überall Pokale, Plaketten und Wimpel, die den eigenen Erfolg verdeutlichen. Wenn die Primadonna gefragt wird, was sie an ihrem Beruf so schätzt, dann ist es das »Rockstar Feeling«, die Bewunderung, die sie im Unternehmen erhält. Die Primadonna sucht den Kontakt zu den neuen und jungen Verkäufern, denn neben der Bewunderung ist auch der Neid der anderen ein wichtiges Lebenselixier. Der Regenmacher, der eine hohe Leistung erbringt, holt sich die Anerkennung eher bei den Kunden direkt ab, während sich die Primmadonna diese Anerkennung aus dem Unternehmen holt.

Das Wesen der Primadonna

Verkaufsverhalten: Die Primadonna unternimmt alles, um vor allem ihr Image als Top-Verkäufer hochzuhalten. Imagepflege ist wichtig und die

Primadonna pflegt in der Regel ein hohes Sozialprestige, das häufig präsentiert wird. Die Primadonna hat eine hohe Kundennettozeit und bietet dem Kunden eine Reihe von Zusatznutzen. Diese sind meist persönlicher Natur. Dadurch ist die Primadonna auch in der Lage, Unmögliches beim Kunden zu erreichen.

Kompetenz: Souveräne und professionelle Kundenbetreuung. Die Primadonna kann mit dem Kunden »spielen«. Sie hat den Kunden wie kaum ein Zweiter im Griff und kann ihn, wenn es sein muss, auch in die Pflicht nehmen. Die Primadonna hat dadurch eine starke emotionale Bindung zum Kunden und ist häufiger »Kundenbesitzer«. Wenn der Verkäufer das Unternehmen verlässt, gehen die Kunden mit ihm mit zum Wettbewerber. Die Primadonna ist für den Kunden ein interessanter Typ, der häufig als Anwalt des Kunden fungiert und die Interessen des Kunden im Unternehmen vertritt. Aus diesen Gründen ist die Primadonna in vielen Fällen ein sehr stolzer Kundenbesitzer. Bei der Primadonna ist auch die Gefahr des Leistungsrausches gegeben. Das ist dann der Fall, wenn der eigene Erfolg alles andere ausblendet und die Primadonna nur mehr auf sich selbst bezogen ist.

Steckbrief 16: Die Primadonna (»Der Star«)

Öffentlicher Erfolgsdarsteller

Stereotyp

Individualistische Persönlichkeit, die Erfolg und Können zeigt, mit starkem Wunsch nach Selbstdarstellung und loyaler Störung

Motto

Glanzvoll und erfolgreich

Arbeitsstil

Souverän und routiniert, aber ein loyaler Störer

Zielorientierung

Will die Hauptrolle im Vertrieb spielen

Leistungsbereitschaft

Sehr hoch, investiert jedoch viel Aufwand in Erfolgsfolklore

Führungsansatz

Aus der Führung entlassen und abgrenzen

Werkzeuge

In die Verantwortung nehmen, Schnittstelle der Kontakte installieren

Coaching

Reflexion und Verantwortung

Dieser Verkäufertyp ist sehr häufig unter den besten Verkäufern oder Beratern zu finden und ist ein Subtyp der Regenmacher oder Leistungserbringer. Die Primadonna fühlt sich am ehesten als Angehöriger einer Verkaufselite. Dieser Typ von Verkäufer ist besonders anerkennungsorientiert und zeigt jedem seine Macht. Sei es nun, dass Reports oder Berichte von ihm demonstrativ nicht erstellt werden oder dass gewisse Anweisungen negiert werden (zum Beispiel zu Meetings zu spät kommen oder demonstrativ ein elitäres Eigenleben in der Vertriebsorganisation führen). Von einer Primadonna stammt auch der Satz: »Sie werden nicht mein letzter Vorgesetzter sein«, als sich der neue Verkaufsleiter als neuer Vorgesetzter bei der Primadonna vorstellt. Eine andere Primadonna formulierte es so: »Soll ich mir den Namen meines neuen Verkaufsleiters überhaupt merken? Die werden doch ohnehin andauernd ausgetauscht.«

Führungsansatz

Wenn die Primadonna die anderen Verkäufer nicht sonderlich stört, dann ist das Entlassen aus der Führung durchaus ein gangbarer Weg. Dabei soll die Führungskraft die Primadonna nicht devot oder hilflos, sondern mit entschlossenem Handeln abgrenzen, um sie ihren eignen Weg gehen zu lassen. Die Stärken der Primadonna liegen in der Marktbearbeitung und nicht im Umgang mit den Mitarbeitern und den Vorgesetzten. Genau diese Stärke muss das Unternehmen für sich nutzbar machen; das unangebrachte Verhalten ist von der Führungskraft als unwesentlich zu verwandeln. Das ist leicht gesagt und zugegeben nicht immer einfach umzusetzen. Als Führungskraft kann man auch als Schnittstelle zwischen der Primadonna und dem Unternehmen fungieren. Viele Führungskräfte führen die Primadonna wie einen selbstständigen Handelsvertreter oder einen selbstständigen Händler.

Coaching

Besprechen Sie gemeinsam mit der Primadonna, welchen Sinn es macht, immer nur die Starallüren »heraushängen« zu lassen. Das Unternehmen weiß, welchen Wert die Primadonna hat, und vielleicht zerstört sie einen Teil ihrer Leistung mit ihrem Verhalten. Das »Von oben herab«-Verhalten kann auch den Wert der erbrachten Leistung schmälern, indem immer negative Assoziationen entstehen, die dazu führen, dass die Primadonna nicht entsprechend gewürdigt wird. Zeitweise kann auch eine Reflexion des Verhaltens Wirkung zeigen. Dabei wird die Auswirkung auf die übrige Verkaufsmannschaft gezeigt. Wichtig ist, dass entsprechende Reflexionsarbeit ohne Geringschätzung der bereits geleisteten Ergebnisse geschieht. Da die Primadonna häufig abgehoben und daher oft blind dafür ist, wie sie bei den anderen Mitarbeitern im Unternehmen ankommt, ist dieser Spiegel meistens sinnvoll.

Typ 17: Die Diva

> Ich habe euch gezeigt wie es geht, also richtet euch nach mir!

Wie beschreiben Führungskräfte ihre Diven? Diven sind die Göttinnen im Vertrieb, sie sind unantastbar, aber sie sind auch der Garant für hohe Umsätze. Der Diva steigt der Ruhm zu Kopf und sie kann nicht damit umgehen. Die Diva hält sehr viel von sich und wirkt hochnäsig. Sie ist arrogant, zickig und unberechenbar, wie eine Vierzehnjährige mit Prinzessinnenkomplex. Sie hat Starallüren gegenüber den anderen Mitarbeitern, ist unverschämt zur Führungskraft und hochnäsig zu den anderen Verkäufern, aber immer erfolgreich oder sogar sehr erfolgreich.

Grundsätzlich läuft man als Führungskraft Gefahr im Umgang mit Diven, ihnen immer größere Freiheitsgrade zu gewähren. Der Grund ist die gute Leistung, die sie erbringen. Wenn aber die Freiheitsgrade einer Diva immer wieder erhöht werden, dann wird dabei auch die Führung immer schwieriger. Freiheit in der Führung bedeutet auch die Bereitschaft, Verantwortung zu übernehmen. Freiheit ohne Verantwortung erzeugt viele Ausnahmen, Extrawürste und Sonderstellungen von einigen Wenigen. Dieses Verhalten gefährdet häufig die Gesamtmotivation von Teams. Ausnahmen werden aber immer wieder gemacht, wenn die Diva ein echter Superstar ihres Faches ist oder wenn sie der Führungskraft zu stark auf die Nerven geht. Wie stark dieses Verhalten der gesamten Gruppe schadet, ist immer wieder abzuklären.

Das Wesen der Diva

Verkaufsverhalten: Die Diva ist beim Kunden ein gern gesehener Verkäufer. Die Diva glänzt nicht nur im Unternehmen, sie glänzt auch beim Kunden. Die Diven suchen sich die entsprechenden Szenen, die einen glorreichen Auftritt ermöglichen. Das sind beim Kunden Präsentationen oder Events, im Unternehmen sind es Verkäufermeetings, Teambesprechungen und Tagungen.

Kompetenz: Die Diven sind eine Sonderform von leistungsbereiten und leistungsfähigen Mitarbeitern. Leider ist diese Fähigkeit zur Leistung von vielen kleinen und großen Animositäten geprägt. Diese haben nicht unbedingt eine negative Auswirkung auf die Leistung, wohl aber auf den Umgang mit anderen Verkäufern und auf die Zusammenarbeit mit anderen Mitarbeitern im Unternehmen. Neue Produkte und neue Verkaufsansätze werden häufig kritisch hinterfragt, zeitweise nur schwer angenommen. So kann es sein, dass es zu ersten Leistungseinbrüchen kommt. Wenn dieser

Zustand nicht verändert wird, wird die Diva trotz vieler Kompetenzen zum Auslaufmodell.

Steckbrief 17: Die Diva (»Die Prinzessin«)

Glanzvoller Verkäufer

Stereotyp

Unkonventionelles Verhalten, sucht nach neuen Grenzen bei hoher Leistungsbereitschaft

Motto

Kapriziös und erfolgreich, fühlt sich als das Maß der Dinge im Verkauf

Arbeitsstil

Impulsiv und unberechenbar im Umgang mit der Führungskraft, mit anderen Abteilungen und Kollegen. Häufig der Anwalt des Kunden im Unternehmen. Häufige Erfolgsräusche und Egotripps

Zielorientierung

Genießt ihre Stellung und manche Privilegien und will eine herausragende Stellung erhalten. Loyale und destruktive Störungen in der Organisation

Leistungsbereitschaft

Leistet viel, will aber im Gegenzug viele Ausnahmen und Änderungen. Investiert viel Aufwand in Tätigkeiten zur Image- und Positionsabsicherung

Führungsansatz

Nur aus der Führung entlassen, wenn Verantwortung übernommen wird. Anerkennung ohne zu stören

Werkzeuge

Abkommen über Freiheitsgrade

Coaching

Reflexion des Verhaltens

Führungsansatz

Aus der Sicht einer Führungskraft ist die Diva der am schwierigsten zu führende Mitarbeiter. Der Grund: Die Diva ist leistungsbereit und leistungsfähig und bringt eine hohe Wertschöpfung für Unternehmen. Aus der Unternehmenszentrale ist daher vielfach zu hören: »Bei schwierigen Verkäufern haben die Führungskräfte versagt!« Die Diven sind nur deshalb schwer zu führen, weil sie machen, was sie wollen, und sich nur zögerlich einer Vertriebsausrichtung unterwerfen. Häufig heißt es, Diven seien deshalb Auslaufmodelle. Sie sind führungs-, coaching- und beratungsresistent, aber da die Leistung hoch ist, akzeptiert die Führung die Macken und Kuriositäten im Verhalten. Als Methode der Führung wird häufig das Entlassen aus der Führung und wenn möglich das Ausgliedern oder Abgrenzen der Diva angewandt. Verkäufer werden eingestellt, um zu verkaufen, und wenn sie das beherrschen, dann ist es die Aufgabe der Führungskraft, die etwaig vorhandenen Allüren des Mitarbeiters unschädlich und unwesentlich zu machen. Das gelingt mit einer Abgrenzungs- oder Ausgliederungsstrategie am leichtesten. Dabei wird die Diva von den anderen Abteilungen und Mitarbeitern führungstechnisch abgegrenzt. Praktisch ist das die gleiche Führung wie die Führung eines selbstständigen Handelsvertreters. Die Führungskraft hat die Aufgabe, das Verhalten der Diva zu akzeptieren und für das Unternehmen »unschädlich und pflegeleicht« zu machen. Das gleiche Verhalten ist aber bei einem leistungsschwachen Verkäufer nicht zu akzeptieren. Ein wichtiger Ansatzpunkt für die Führungskraft ist es auch, die Pufferfunktion zwischen der Diva und dem Unternehmen wahrzunehmen. Denn nicht jede Organisationsstruktur verkraftet eine Diva. Gepufferte Kommunikationskanäle können das Verhalten der Diva in der eigenen Organisation erträglich machen.

Coaching

Oft ist der Diva ihre Rolle als Störenfried nicht vordergründig bewusst und häufig nimmt sie die Hilfe oder die Unterstützung der Führungskraft nicht an. Grundsätzlich ist der Coachingprozess ein ähnlicher wie bei der Primadonna. Die Diva glaubt von sich, dass sie ohnehin besser verkaufen kann als der Verkaufsleiter. Der Diva soll klargemacht werden, dass sie sich selbst schadet, wenn sie ihr Verhalten nicht kontrollieren kann. Ideal ist, wenn die Diva die Anerkennung erhält, die sie benötigt, ohne dabei zu stören. Zeigen Sie der Diva offen, welche Verhaltensweisen Sie unterstützen und welche nicht. Grenzen Sie in Meetings Beiträge zur Selbstdarstellung von sinnvollen Beiträgen klar ab.

Typ 18: Der Schönwetterverkäufer

Ich analysiere immer meinen Markt und meine Kunden sehr genau!
Die Kunden werden schon alleine kommen!
Ich muss alles wissen, bevor ich zum Kunden gehe!

Der Schönwetterverkäufer ist der typischste aller Beobachter, er ist mittendrin und dennoch nicht dabei. Ein de-facto-Verkäufer, der zwar am Papier und von der Funktion her ein Verkäufer ist, aber tatsächlich nur sehr wenig verkauft. Aber er ist immer mittendrin: bei Verkaufsverhandlungen mit dem Kunden, bei allen Besprechungen, bei den Veranstaltungen und bei den Angeboten. Er hat die wichtigen und richtigen Kontakte in der Kundenorganisation, aber bei den großen Entscheidungen, die schlussendlich beim Kunden getroffen werden, ist er niemals dabei. Diese Geschäfte machen die Kollegen vom Wettbewerb. Er wird gerne zur Angebotslegung eingeladen, Aufträge erhält er aber nicht. Er kann auch Kunden von Ideen begeistern, aber er hat letztlich nichts davon. Es gelingt ihm nicht, seine Kunden in die Pflicht zu nehmen und beim Geschäftabschluss dabei zu sein. Es ist so, als ob er gar nicht im Geschäftsleben anwesend wäre – trotz seines hohen Engagements. Der Schönwetterverkäufer ist ein Mitarbeiter, der den Markt und die Kunden genau kennt und dabei das Verhalten seiner Kunden genau analysiert und auch theoretisch immer weiß, was zu tun ist. Doch etwas fehlt ihm immer, um der Erste beim Kunden zu sein. Bei seinem Verkaufsverhalten wird kaum gestaltend eingegriffen, sondern im Gegenteil: Der Schönwetterverkäufer zieht sich bei den ersten Anzeichen von Schlechtwetter in seine persönliche Komfortzone zurück und lässt den Kunden und das Geschäft alleine.

Seine hohe Analysefähigkeit ist leider mit einem groben Gestaltungsmangel verbunden. Er kann Situationen ausgezeichnet analysieren, es fehlt ihm aber die Entschlossenheit, die Situation für sich und sein Unternehmen zu nutzen. Die Resultate stellen sich daher gar nicht oder nur langsam ein und viele Kunden zeigen keine Reaktion, weil der notwendige Druck fehlt.

Das Wesen des Schönwetterverkäufers

Verkaufsverhalten: Wenn es im Verkauf so etwas wie eine politische Korrektheit gibt, dann ist der Schönwetterverkäufer der korrekteste und smarteste unter den Verkäufern. Er kann sich sehr gut in den Kunden hineinfühlen und solange es keine Komplikationen gibt, funktioniert das auch.

Jedoch fehlt ihm die Willenskraft und auch der Mut, mit dem Kunden durch dick und dünn zu gehen, oder – wenn es sein muss –, um Aufträge oder um Geschäftsbeziehungen zu kämpfen. Er betrachtet die Realität oft zu naiv und seine Gutgläubigkeit führt zu Geschäftsausfällen und Kundenschwund. Allgemein kann man sein Verhalten als perfekt, aber fad und einfallslos bezeichnen.

Kompetenz: Grundsätzlich ist der Schönwetterverkäufer mit vielen wichtigen formalen Verkaufskompetenzen ausgestattet, er beherrscht die Technik der Verkaufsgespräche und kann sehr gut argumentieren, jedoch ist eine grundlegende Angst vor dem Nein vorhanden. Der Kunde könnte »Nein« sagen, deswegen fragt der Verkäufer erst gar nicht nach. Er geht bereits bei geringem Druck vor dem Kunden in die Knie und wird fortan die Kunden meiden, bei denen eine Herausforderung ansteht. Er will sich aber unter keinen Umständen beim Kunden »weh tun«und geht lieber den Weg des geringsten Widerstands.

Steckbrief 18: Der Schönwetterverkäufer (»Das Mauerblümchen«)

Vertriebliches Mauerblümchen mit guter Arbeitsbilanz, jedoch ohne nennenswerte Resultate; der ewige Zweite

Stereotyp

Will sich nicht beim Kunden »weh tun«. Analytischer Verkäufer mit hohem Produktwissen, ohne Gestaltungsdrang

Motto

Mittendrin und nicht dabei

Arbeitsstil

Analyse der Kunden und Gebiete, umfassende Bedarfsermittlungen, ohne zu Ergebnissen zu kommen

Zielorientierung

Verfolgt Ziele ohne Entschlossenheit und Hartnäckigkeit

Leistungsbereitschaft

Investiert viel Aufwand in die Kundenpflege, ist aber ewiger Zweiter in der Geschäftsbeziehung

Führungsansatz

Verbindlichkeit beim Kunden erzeugen

Werkzeuge

Parallelbesuche und laufende Betreuung, Abschlussverhalten trainieren

Coaching

Geschäftsfälle finalisieren und Kontrakte abschließen lernen

Schönwetterverkäufer sind häufig nur Beobachter, die den Kunden zusehen, was sie machen, und analysieren, warum sie es machen, anstatt aktiv zu bestimmen, was am Markt und beim Kunden passieren soll. Das Ziel der Schönwetterverkäufer ist häufig, nur zu sehen, was passiert, und es wird erst gar nicht der Versuch unternommen, etwas zu gestalten. Dahinter liegt der Glaube, dass die Kunden auch ganz von alleine kommen werden. Dieser Verkäufer erkennt zwar die Chancen, die sich bieten, lässt aber viele dieser Chancen ungenutzt liegen. Der Schönwetterverkäufer muss lernen, dass Wissen und Verstehen an sich alleine noch keine Veränderung bewirken.

Führungsansatz

Es gibt pflegeleichte und schwierige Verkäufer. Der Schönwetterverkäufer ist garantiert pflegeleicht. Stören Sie den Schönwetterverkäufer in seiner Rolle. Bringen Sie seine passive Beobachterrolle ins Wanken. Was ihm häufig fehlt, ist der Mut, der Kampfgeist, die Entschlossenheit und etwas Draufgängerisches. Der Markt will aktiv bearbeitet werden und dies geschieht garantiert nicht reaktiv. Der Schönwetterverkäufer muss seinen Markt und seine Kunden in den Griff bekommen und muss dabei verstehen, dass er auf seine Kunden und in seinem Markt einen dominanteren und gestaltenden Einfluss haben muss. Zwei Dinge sind hier wichtig: Erstens ist es der Respekt, der beim Kunden zu erarbeiten ist, und zweitens ist es der gestaltende Druck, den ein Verkäufer entfalten muss. Er muss aus dem Teufelskreis des ewigen Zweiten austreten und darf nicht länger im Schatten seiner Wettbewerbsverkäufer stehen. Ein gewisses Maß an Hartnäckigkeit zu erlernen, wäre vorteilhaft. Zur Verbesserung der Leistung bieten sich genaue Kundenanalysen an, bei der Kunden nach Respektverhalten und nach Sympathie sortiert werden, um Ansatzpunkte für den Erfolg zu finden.

Coaching

Vieles, das beim Kunden wirkt, schmerzt! Bringen Sie dem Schönwetterverkäufer bei, wie man mit Zurückweisung und Ablehnung umgeht. Die Entschlossenheit, unangenehme Dinge zu machen, soll gestärkt werden. Mit dem Verkäufer sind klare Regeln über die erwartete Verkaufsqualität zu vereinbaren, Parallelbesuche mit dem Verkaufsleiter durchzuführen, Doppelbetreuungen einzuplanen (also Mitgehen mit seinen Kollegen) – das sind die wichtigsten Werkzeuge im Coachingprozess. Der Aufbau von Respektkunden und das proaktive Agieren im Verkaufsprozess sind weitere wichtigste Coachingthemen. Der Schönwetterverkäufer soll jenen Prozess kennenlernen, mit dem man es schafft, einmal der Erste unter allen Wettbewerbsverkäufern beim Kunden zu sein. Mit welchem Verhalten und bei welchen Kunden ist das möglich? Wo und wie gelingt es dem ewigen Zweiten, einmal Erster zu werden? Denn im Vertrieb gibt es den Grundsatz »Second place means first loser«.

Typ 19: Der Blender

Die Strahlkraft meines Auftritts blendet meine Umgebung!

Seine große Stärke ist die reine Selbstvermarktung seiner Person. Vielfach ist er ein Übertreiber oder gar ein Aufschneider. Er erzählt viele Geschichten, die leicht positiv eingefärbt sind, und er ist der erstkontaktstärkste Verkäufer. Viele Kunden sind im ersten Moment vom Blender begeistert und platzieren auch gelegentlich Geschäfte bei ihm. Doch mit jedem weiteren Kontakt zum Kunden verliert der Blender an Ansehen. Er ist der typische »Durchlauferhitzer«. Kein anderer Verkäufer verbrennt mehr Kunden als er. Der Blender ist ein Subtyp des Kontakters.

Das Wesen des Blenders

Verkaufsverhalten: Beim Blender fallen vor allem drei Dinge auf: Erstens ist er stolz auf die Kontakte, die er bereits hat. Man wundert sich im ersten Moment, wen er alles kennt. Er ist der Verkäufer, der gerne wichtige Namen fallen lässt und sofort zu jeder Person, die in einem Gespräch erwähnt wird, eine Geschichte kennt. Dabei wird das »name dropping« zur Aufwertung seiner Person verwendet. Er schmückt sich gerne mit fremden

Namen. Das Zweite, was beim Blender auffällt, ist sein sehr guter Erstauftritt. Der Blender versteckt sich hinter hoher Professionalität und ist meistens ein guter Schauspieler. Er versucht, mit seiner Rolle seine verkäuferische Inkompetenz zu überdecken. Er lebt auch in der Angst, dass seine Inkompetenz entlarvt wird. Seine Oberflächlichkeit beginnt der Kunde spätestens beim zweiten Kontakt zu spüren und je länger die Kontaktkette dauert, desto mehr Unzuverlässigkeit kommt ans Tageslicht. Zusagen werden nicht eingehalten und der Verkäufer verliert in den Augen der Kunden. Das dritte Merkmal, welches das Wesen des Blenders beschreibt, ist der außerordentlich hohe Kundendurchlaufsatz. Bei einer Stammkundenbetreuung ist für den Blender rasch das Ende erreicht. Blender werden schnell zu »Durchlauferhitzern«, die immer mehr Kunden benötigen, um selbst nur geringe Ergebnisse einzufahren. Dieser hohe Durchsatz von Kunden ist ein weiteres Merkmal, das den Blender beschreibt. Die Gefallsucht ist beim Schönwetterverkäufer überdurchschnittlich ausgeprägt.

Kompetenz: Das Denken in Möglichkeiten und Varianten gehört zu den ausgesprochenen Stärken des Blenders. Er kann Kunden rasch fesseln und ihnen das Blaue vom Himmel versprechen. Er fasziniert seine Gesprächspartner durch das Vorstellen vieler Möglichkeiten einer positiven Geschäftsentwicklung. Doch sobald der Kunde in eine Geschäftbeziehung eintritt, verblasst die Strahlkraft des Blenders. Bei jedem neuen Kontakt wird die Enttäuschung der Kunden größer. Blender haben eine hohe Kundenzeit, ein sehr gutes Auftreten und gute Manieren. Aber eine der schlechtesten Trefferquote aller Verkäufer (vor allem in der Abschlussphase) und eine sehr hohe Kundenfluktuation. Sie produzieren einfach viel heiße Luft und glänzen dabei.

Steckbrief 19: Der Blender (»Der Gefallsüchtige«)

Mehr Schein als Sein

Stereotyp

Der Angeber und Aufschneider

Motto

Meine Strahlkraft blendet

Arbeitsstil

Sucht viele Kontakte zu neuen Menschen. Ein »Kontaktdurchlauferhitzer«, der viel heiße Luft erzeugt und dabei glänzt

Zielorientierung

Will Sympathie und Bewunderung

Leistungsbereitschaft

Investiert viel Aufwand in Tätigkeiten zur Image- und Positionsabsicherung

Führungsansatz

Minimalstandards, Inkompetenz genau definieren

Werkzeuge

Kundenschutz und Gebietsabsicherung

Coachingthemen

Reflexion seines Verhaltens

Warum fallen Kunden auf den Blender herein? Aus dem gleichen Grund, aus dem Blender auch für diesen Job ausgewählt werden. Viele Verkäufer beherrschen es, einen ausgezeichneten Ersteindruck zu hinterlassen, und viele sind den Kunden auch rasch sympathisch. Seine äußere Strahlkraft blendet den Kunden im ersten Moment. Dadurch werden aber die Inkompetenz und die Verkaufsschwächen überstrahlt. Im zweiten Moment beginnt seine Fassade zu bröckeln und die Kunden wenden sich immer mehr von ihm ab.

Führungsansatz

Es gibt wenige Bereiche im Verkauf, in denen der Blender dennoch erfolgreich sein kann: Das wäre bei nicht komplexen Entscheidungsprozessen und gleichzeitig bei vielen einmaligen und kurzen Kontakten der Fall. In allen anderen Bereichen sind Blender gefährlich, da ihr Verhalten auch Auswirkungen auf das Unternehmen hat.

Wenn sich das Verhalten des Blenders nicht verändern lässt, dann sind Maßnahmen der Kundenabsicherung durchzuführen. Es gelten hier die gleichen Maßnahmen wie beim Kontakter: Dem Blender muss aufgetragen werden, Qualitätsvorgaben zu erfüllen. Führen diese aber zu keinen Erfolg, dann ist es sinnvoll, ein Verabschiedungsinterview zu führen.

Coaching

Der Blender muss lernen, einen kontinuierlich guten Eindruck beim Kunden zu hinterlassen. Nicht das Schauspielen ist im Verkauf wichtig, sondern nur die echte Arbeit am Kunden. Ohne die Fähigkeit des raschen Sympathisierens zu verlieren, soll dieser nachhaltige Eindruck bestehen bleiben.

Die Oberflächlichkeit im Verhalten ist durch Vertrauen und Respekt zu ersetzen. Vor allem ist die Unterscheidung zwischen reinem gefallsüchtigem und dem gefälligen Verhalten erfolgreicher Verkäufer wichtig. Verhaltensweisen, die an Gefallsucht grenzen, sind dabei unbedingt zu vermeiden.

Achtung, Gefahr

Vorsicht ist anzuraten in sogenannten limitierten Märkten, in denen nur eine bestimmte Anzahl von Kunden vorhanden ist. Ein Blender treibt hier die Kunden in die Arme des Wettbewerbs. Diese Kunden in der Zukunft zurückzugewinnen, ist meist ein sehr aufwändiger Prozess.

Häufig bereitet der Blender den Markt auf, indem er viele Kunden besucht und betreut und sie für die Produkte/Dienstleistungen interessiert. Den Erfolg haben aber dann die nachfolgenden Verkäufer des Wettbewerbs, da sie es schaffen, das Vertrauen und den Respekt der Kunden zu gewinnen.

Typ 20: Die Wiederblüte

Jeder Neuanfang hat etwas Faszinierendes an sich.
Ein gutes Pferd zieht zweimal!

Im Leben gibt es Höhen und Tiefen, und auch eine Kariere im Verkauf ist keineswegs ein langer gerader Fluss. Im Durchschnitt erlebt ein Verkäufer im Laufe seines Verkäuferlebens dreimal einen Abstieg, kann sich aber danach wieder zu einer herausragenden Verkäuferpersönlichkeit entwickeln.

Die große Stärke der Wiederblüte ist ihre Erfahrung und ihr Wissen, denn sie hat bereits einmal einen Abstieg miterlebt und hat sich nun durchgerungen, wieder neu zu starten. Es war eine persönliche Krise, eine Krankheit oder ein bestimmtes Vorkommnis im Unternehmen, das den Verkäufer oft unvorbereitet aus der Bahn geworfen hat. Doch jetzt startet er neu durch! Er kennt die Wege zur Verkaufselite genau. Kein Wunder, dass er es rascher schafft als viele Neueinsteiger, wieder an die Spitze zu gelangen. Die Wiederblüte ist ein Subtyp der Einsteiger oder der Ehrgeizigen.

Das Wesen der Wiederblüte

Verkaufsverhalten: Die Wiederblüte erlebt einen zweiten Frühling im Verkauf. Der Ehrgeiz ist neu entflammt und die Wiederblüte beginnt, an ihre alten Erfolge anzuschließen. Dazu ist sie abgeklärt, hat die Erfahrung gemacht, wie es ist, erst einmal aufzusteigen und dann auch abzusteigen. Beim Kunden ist der Akzeptanzwert relativ hoch und der Kunde schätzt das verstärkte Engagement des Verkäufers.

Kompetenz: In der guten Erfahrung der eigenen Kräfte liegen die guten Aussichten der Wiederblüte. Die Wiederblüte hat im Prinzip die gleichen Kompetenzen, die sie vor dem Einbruch hatte, aber zusätzlich hat sie noch die Erfahrung der Demut gemacht, einmal abgestiegen zu sein. Daher kann sie ihre Leistungen am besten beschleunigen. Die Wiederblüte kann sehr rasch an ihre bisherigen Erfolge anschließen.

Steckbrief 20: Die Wiederblüte (»Der Wiederauferstandene«)

Unspektakulärer Aufsteiger

Stereotyp

Abgeklärter Verkäufer mit neuer Energie

Motto

Ich genieße das Glück des Neuaufstiegs

Arbeitsstil

Arbeitet konsequent und unspektakulär

Zielorientierung

Will an ihre früheren Erfolge anschließen

Leistungsbereitschaft

Investiert viel Aufwand in ihren Aufstieg. Kann ihre Leistungen von allen Typen am besten beschleunigen

Führungsansatz

Erhöhen der Freiheitsgrade bereits bei ersten Erfolgen

Werkzeuge

Enge Führung, die rasch zu einem Entlassen aus der Führung geführt werden kann

Coaching

Bestärkung ihres Verhaltens und Unterstützung

Führungsansatz

Gratulation, wenn Sie eine Wiederblüte in Ihrem Team haben, einen Verkäufer, der wieder einen Neuanfang startet! Die Hauptarbeit ist aus der Sicht der Führungskraft getan, wenn ein Leistungsschwacher wieder durchstartet. Grundsätzlich ist die Führung bei der Wiederblüte aus der Sicht von Verkaufsleitern einfach, da sie einen abgeklärten Mitarbeiter vor sich hat, der nach einem Abstieg keine Flausen mehr im Kopf hat. Statistisch gesehen kann die Wiederblüte sehr leicht wieder zur Spitze geführt werden. Wenn der Mitarbeiter sich entschlossen hat, seine Arbeitskraft voll einzubringen, dann werden einige Wiederblüter rasch wieder zum Eliteverkäufer. Trotzdem ist am Beginn des Neustarts eine enge Führung sinnvoll. Der Verkaufsleiter kann die enge Führung sichtbar schnell drosseln, um der Wiederblüte den notwendigen Freiraum zum erneuten Aufstieg zu geben.

Coaching

Im Coaching kann die Führungskraft den Schwung des Aufstiegs nutzen und versuchen, alles Bremsende aus dem Weg zu räumen. Das Wagnis des Neuanfangs ist bei der Widerblüte mit viel Anerkennung und Aufmunterung zu unterstützen.

Merkmale der Subtypen

1. Typen im Submilieu fallen entweder auf oder sie sind unscheinbar. Eines der Kennzeichen ist, dass es immer nur ganz wenige Mitarbeiter in den Submilieus gibt. Wenn sie vorhanden sind, dann sind sie aber besonders in ihrer Art extrem. Die Ausprägungen der Typen sind stärker, daher fallen sie als Typ sehr stark auf. Subtypen sind einfach der »Pott« für die Extremen bei den Verkäufern.
2. Typen im Submilieu sind das beste Frühwarnsystem. Vor allem die schillernden Typen zeigen uns mit ihrem Verhalten ähnlich wie der Zeiger einer Uhr die Stimmung in den Märkten an.
3. Bei nicht einsichtigen Mitarbeitern gilt: Trennen Sie sich lieber heute als morgen von ihnen. Das gilt nur teilweise im Vertrieb, der hier anders funktioniert: Leitungsträger, die unangepasst sind, kündigt man nicht! Gerade die herausfordernde Atmosphäre im Verkauf be-

dingt, dass es viele unangepasste Mitarbeiter gibt. Und es ist nicht zuletzt diese Eigenschaft, die Verkäufer erfolgreich macht. Also müssen Verkaufsleiter lernen, mit diesen Typen umzugehen.

Kapitel 9

Krankheits-, Problem- und Papierkorbtypen

Neben den bereits genannten zwanzig Typologien gibt es eine Reihe von Typen, die in unserer Typologie nicht vorkommen, die es aber wert sind, erwähnt zu werden.[20]

Krankheitsgefährdete Typen

Macht verkaufen krank? Macht der Leistungsdruck krank? Diese Frage wird von Verkaufsleitern und Managern oft gestellt. Am meisten wurde sie überraschenderweise von Leuten gestellt, die nichts mit dem Verkaufen zu tun haben. Gibt es in unserer Typologie krankheitsgefährdete Typen? Und: Wo sind sie besonders häufig? Die Frage, ob und wann Arbeit krank macht, war nicht unser vorrangiges Forschungsinteresse, aber wir sind den Fragen nachgegangen, welche Typen besonders krankheitsgefährdet sind, und ob sich bei einer bestimmten Typologie Krankheitsbilder häufen, die Überlastung im Beruf anzeigen. Da es nicht möglich war, alle zur Verfügung stehenden Daten auf diesen Umstand hin zu untersuchen, wurden Kriterien wie Krankenstand und psychische Krankheiten nachträglich von einigen Verkaufsleitern eingepflegt. Bereits die ersten Auswertungen ergaben ein interessantes Ergebnis. Einige Verkaufsleiter verglichen Krankenstände mit den Verkäufertypen und Folgendes wurde erkannt: Das Klischee, wonach die Leistungsträger am meisten krankheitsgefährdet sind, stimmt nicht. Im Gegenteil, sie hatten die geringsten Krankenstandstage und auch wenig Anzeichen von psychischer Belastung. Hier konnte man vor allem Freude und Spaß an der Arbeit erkennen. Burnout-gefährdet waren nicht die Leistungsträger wie der Leistungserbringer, der Regenmacher oder die Primadonna, sondern es kristallisierten sich zwei andere Typen heraus, die wir dann unter der Bezeichnung »Brandy« als Subtypen näher klassifizierten. Die zwei »Brandys« waren Subtypen der Aufwändigen und der Kümmerer. Der erste gefährdete Typ war der »helfende Brandy«, der viel Verantwortungsbewusstsein hat, und der zweite krankheitsgefährdete Typ war der »penible Brandy«, der perfektionistisch ausgeprägt ist. Diese Typen müssen lernen, zu verkaufen, ohne dabei auszubrennen. Wenn sie das nicht schaffen, ist es besser, wenn sie den Beruf wechseln.[21]

»Ist es sinnvoll, bis zur Erschöpfung zu arbeiten?«, ist die häufig gestellte Frage, wenn die Leistungstypen vorgestellt werden. Die Eliteverkäufer und die Leistungsträger verausgaben sich ja durch die viele Kundenzeit, stehen aber gesundheitlich besser da. Der Hauptgrund ist, dass sie wesentliche Steuerungsmöglichkeiten haben und dadurch besser zwischendurch entspannen können. Ein Beispiel ist, wenn sie einen Termin bei einem Kunden einbauen, zu dem sie bereits freundschaftliche Beziehungen haben. Gesünder ist, wer die Leistungskontrolle hat. Die Erkenntnis daraus lautet: Wer viel leistet im Vertrieb, hat auch Freiräume. Spaß ist das Gegenteil von ausgebrannt sein. Und wer von den Kunden geliebt und im Unternehmen gelobt wird, der leidet nicht, egal wie viel er arbeitet. Außerdem ist der emotionale Kick, den ein Verkäufer beim Verkaufen erhält, nur schwer mit anderen Berufen vergleichbar. Es sind die vielen Erfolgserlebnisse, die diesen Beruf so schön machen.

Problemtypen

Wer mit Verkäufern und Verkaufsleitern zu tun hat, lernt viele Bezeichnungen kennen, die aber in unserer Typologie nicht vorkommen. Wir brauchen einen neuen Typ – das ist die Antwort vieler Verkaufsleiter bei der Klassifizierung von Verkäufern. Und dann kommen viele Bezeichnungen, bei denen eine Bewertung nach moralischen Gesichtspunkten vorgenommen wird. Das ist zum Beispiel der *Brunnenvergifter,* also jemand, der bewusst die Stimmung in der Gruppe untergräbt, indem er bestimmte Dinge bewusst verbreitet, die in der Folge dem Verkaufsleiter oder dem Unternehmen schaden. Ein weiteres Beispiel sind *Intriganten,* auch bei ihnen sind es andere Kriterien, die sie klassifizierten. Moralische Kriterien sind aber unabhängig von der aktuellen Leistung des Mitarbeiters, daher werden sie hier nicht behandelt. Genauso werden psychopatische Störungen, denen ein Krankheitsbild zugrunde liegt, nicht behandelt.

Papierkorbtypen

Eine weitere Gruppe sind die Papierkorbtypen. Das sind Typen, bei denen eine Leistungsmessung vorgenommen wird, die aber nicht in unsere Typologie passen. Das kann vielfältige Gründe haben. Am häufigsten tritt dieser Fall bei langfristigen Kundenbeziehungen ein, bei denen der Verkäufer schon lange nicht mehr aktiv ist, aber die Aufträge trotzdem eingehen, oder bei »lucky punches«, wo der Verkäufer einfach großes Glück hatte. Häufig ist das auch das Thema bei groben Gebiets- und Kundenungerechtigkeiten. In all diesen Fällen ist einen Typologie nicht aussagekräftig. Hier ist es generell fraglich, ob eine ergebnisorientierte Beurteilung der Verkäufer sinnvoll ist.

Psychologische Typologien decken ein anderes Feld ab. Sie werden in der Regel für die Motivation der Verkäufer verwendet, aber auch zum Training der Menschenkenntnis der Verkäufer. So helfen die psychologischen Modelle, die Kunden besser zu verstehen, und erleichtern damit dem Verkäufer das Verkaufen. Im Vertrieb werden Menschen nach der tatsächlichen Leistung bewertet, daher sollten Leistungstypologien, wie sie hier verwendet werden, als erstes Führungswerkzeug verwendet werden. Psychologische Typologien können aber sehr gut eine Leistungstypologie ergänzen. Die hier gebildeten Typen sind aus der aktuellen Leistung von Verkäufern abgeleitet und zeigen, wie viel Verkäufer leisten und durch welche Maßnahmen sie in die Lage gebracht werden können, mehr zu leisten.

Teil 3

Leistungsgruppen und Milieus – Wie Sie die Leistung Ihres Verkaufsteams steigern

Im zweiten Teil dieses Buches haben wir uns mit den einzelnen Verkäufertypen beschäftigt und gezeigt, wie jeder Typ individuell zu einer höheren Leistung geführt werden kann. Im dritten Teil zeigen wir, wie Gruppen von Verkäufern zu führen sind. Grundsätzlich ist es wichtig, zu verstehen, dass es neben der Erhöhung der *Einzelleistung* jedes Verkäufers immer möglich und sinnvoll ist, die Verkäufer in Gruppen aufzuteilen, um diese Gruppen so zu führen, dass die *Gruppenleistung* erhöht wird. Bei der Gruppenführung unterscheiden wir zwischen drei Möglichkeiten, die Leistung von Gruppen und Teams zu beeinflussen:

Die *erste* Möglichkeit ist die Führung von Leistungsgruppen: Hier werden Gruppen nach erzielten Ergebnissen gebildet und leistungsdifferenziert geführt. Die Guten werden dabei anders geführt als die Leistungsschwachen. Die *zweite* Möglichkeit ist die des Führens in den Leistungsmilieus. Hier werden Gruppen mit ähnlichem Leistungsklima gebildet und stimmungsdifferenziert geführt. Das heißt, Aufsteiger werden anders geführt als Absteiger. Neben diesen beiden Gruppen gibt es aber auch die *dritte* Möglichkeit: das Führen durch eine Vertriebskultur. Hier werden kulturelle Werte, die auf den gesamten Vertrieb wirken (zum Beispiel Werte), zur Leistungsbeeinflussung herangezogen.

Ein großer Unterschied zur Führung der Typen und Gruppen ist auch der

Einsatz der Führungswerkzeuge und die Art beziehungsweise der Kanal der Kommunikation. Es kommen unterschiedliche Maßnahmen zum Einsatz. So werden bei der Führung von Typen vor allem das Einzelgespräch und der Parallelbesuch als Führungswerkzeug eingesetzt. Bei der Gruppenführung sind es vor allem Verkaufsmeetings und Tagungen, die geplant werden. Beim Führen durch eine Vertriebs- und Leistungskultur werden vielfach Tagungen und Großveranstaltungen, aber auch Bräuche und Rituale in der Führung eingesetzt.

Eine der wichtigsten Aufgaben einer Führungskraft ist es, die guten Mitarbeiter an das Unternehmen zu binden. Eine gute Möglichkeit ist dabei die Gruppenführung. Eigentlich ist es kurios, dass etwa Außendienstmitarbeiter, die viel unterwegs sind und daher selten im Unternehmen anwesend sein können, als Gruppe betrachtet und auch als Gruppe geführt werden können. Doch gerade bei Verkäufern, die selten im Unternehmen sind, ist die Gruppenführung eine der wichtigen Einflussmöglichkeiten einer Führungskraft. Die Gemeinsamkeit der Gruppe ist wichtig, denn sie normiert und gibt dem Verkäufer, der viel unterwegs ist, die notwendige Heimat im Unternehmen. Der Verkäufer hat in der Regel nicht die Möglichkeit, im selben Rahmen am sozialen Leben im Untenehmen teilzunehmen wie andere Mitarbeiter. Deshalb ist diese Art der Führung sinnvoll, da sie das soziale Erleben beachtet, respektiert und fördert. Die Gruppe und ihre Normen und internen Gesetze geben den Verkäufern Halt und ermöglichen daher eine Bindung zum Unternehmen. Das Zusammengehörigkeitsgefühl in der Gruppe ist vielfach verantwortlich für die Bindung der Außendienstmitarbeiter zum Unternehmen. Und selbst wenn alle Außendienstmitarbeiter ausgesprochene Einzelkämpfer in sehr fernen Gebieten sind, wirken die Instrumente der Gruppenführung.

In der Führung gilt: doppelt und dreifach hält besser. Führung gelingt besser, wenn sie auf mehreren Ebenen stattfindet. Verkäufer sind nicht nur als individuelle Leistungserbringer anzusprechen, sie können auch als Gemeinschaft in verschiedenen Gruppierungen angesprochen werden. Gruppenführung und Einzelführung können und sollen gleichzeitig und parallel zur Anwendung kommen. Selbst bei Außendienstmitarbeitern, die sich nur einmal im Monat mit ihren Kollegen treffen, oder bei Projektverkäufern, die international agieren und nur sehr selten im Unternehmen sind, gilt diese Aussage. Das ist kein Widerspruch zur Einzelführung, denn beide Führungsansätze sind zur Verkäuferführung wichtig.

In jeder Gruppe gibt es eine sogenannte Gruppenzugehörigkeit und einen Gemeinschaftssinn. Was macht nun in leistungsorientierten Organisationen die Gruppenzugehörigkeit aus? Auf jeden Fall ist es das Zusammengehörigkeitsgefühl, ein Teil von etwas Großen zu sein und meist auch das Streben nach einem gemeinsamen Ziel. Durch dieses Wir-Gefühl sieht man sich als gemeinsame Kämpfer, die für dieselbe Aufgabe einstehen. Man ist bereit, in dieser Situation einiges auf sich zu nehmen, nach dem Motto: Geteiltes Leid ist halbes Leid. Diese Macht der Gruppe ist aber auch ein wesentlicher Leistungstreiber, wenn es darum geht, Leistungsziele zu erreichen. Dabei ist es egal, ob die leistungsbesten oder die leistungsschwachen Mitarbeiter in der Gruppe alleine ein gemeinsames Ziel verfolgen. Bis auf den seltenen Fall, dass Verkäufer im Team verkaufen – wo also Synergieeffekte wirksam werden können –, ist es im Verkauf anders. Normalerweise ist der Verkäufer ein Einzelkämpfer, der beim Kunden alleine ist und dort seine Leistung erbringt. Uns geht es darum, diese Leistung zu steigern. Die Gruppenführung soll vor allem ein zusätzlicher Kanal der Führung sein. Daher soll die Gruppenführung immer parallel zur Einzelführung eingesetzt werden.

Erstens: Die Gruppe bestimmt das Anspruchsniveau. Das Interessante an Gruppen ist die Ausrichtung an relativen Werten. Was gut oder schlecht ist, wird vielfach durch die Gruppe vorgegeben und nicht durch absolute Werte.

Zweitens: Mitglieder von Gruppen verfolgen zwei Ziele: Es ist der Wunsch nach Zugehörigkeit zur Gruppe und der Wunsch nach Signifikanz in der Gruppe. Das heißt: »Ich bin ein Teil der Gruppe und in dieser Gruppe bin ich wer«. Die Verfolgung dieser Ziele führt zu folgenden Gruppenphänomenen: So fühlt sich der Große unter den Kleinen immer besser, als ein Kleiner unter den Großen. Wir wollen lieber ein wenig über den Durchschnitt liegen als ein wenig unter den Besten.

Was ist die Gefahr einer Gruppenführung? Eine ausschließliche Führung mit der Gruppenleistung birgt die Gefahr des sozialen Faulenzens. Wenn mehrere Verkäufer gemeinsam auf ein Ziel hinarbeiten, kann es passieren, dass die Leistung der Gruppe geringer ist als die Summe der Einzelleistungen. Wichtig ist daher bei allen Bemühungen, die Einzelleistungen in der Gruppe immer transparent zu halten und diese Informationen allen zur Verfügung zu stellen. Bekannt wurde das Phänomen des sozialen Faulenzens im Sport. So gibt es diesen Effekt bei Ruderern, aber nicht bei Schwimmern in der Staffel, da bei

Schwimmern immer die Einzelleisung bekannt ist. In Projektvertrieben kann auch der Ringelmann-Effekt dazukommen, der eine reduzierte Leistung als Motivations- und als Koordinationsproblem beschreibt. Koordinationsprobleme entstehen nur in klassischen Verkaufsteams, wo mehrere Verkäufer und Techniker intensiv ein und denselben Kunden betreuen. Daher sollte bei einer Gruppenführung immer auch die Einzelleistung gemessen werden.

Kapitel 10

Leistungsgruppen führen

Um es gleich vorwegzunehmen: Die Führung von Gruppen im Vertrieb ist eine *zusätzlich* zur Einzelführung anzuwendende Methode, um die Leistung der Verkäufer zu erhöhen. Gruppen haben einen großen Einfluss auf das Leistungsverhalten von allen Verkäufern. Sie können die Entwicklung von Verkäufern beschleunigen, aber auch bremsen. Gruppen können dazu führen, dass sich Verkäufer in der Gruppengemeinschaft verstecken und sozial faulenzen, aber die Mitgliedschaft in der Gruppe kann genauso ein Ansporn für zusätzliche Leistungen sein, die ohne Gruppenführung nicht möglich wäre. Keiner im Vertrieb kann sich der Wirkung und dem Einfluss von Gruppen entziehen, daher ist es als Führungskraft wichtig, die Macht der Gruppe in der Führungsarbeit – zusätzlich zur Einzelführung – zu nutzen.

Normalerweise wird der Nutzen einer Gruppe darin gesehen, dass Synergien entstehen. Wenn Menschen zusammenarbeiten, entstehen Synergien, bei denen die gemeinsame Leistung höher ist als die Einzelleistung. Das ist bei unseren Leistungsgruppen nur von untergeordneter Bedeutung. Uns geht es hier darum, Gruppen zu bilden, die dann *unterschiedlich* zu führen sind. Das Führen mit Leistungsgruppen, das wir hier kennenlernen werden, ist also ein leistungsdifferenziertes Führen. Das heißt, die Gruppe der besten Verkäufer wird bewusst und gezielt anders geführt, als die Gruppe der leistungsschwachen Verkäufer. Bei unserer Gruppenführung lösen wir die formal zusammengehörende Gesamtgruppe zugunsten kleinerer, aber homogenerer Gruppen von Verkäufern auf. Erst damit wird es möglich, das Leistungsverhalten in der Gruppe für das Führen nutzbar zu machen. Im Rahmen des Führungsprozesses werden sowohl die Kleingruppen als auch die Großgruppe geführt. Konkret bedeu-

Abbildung **10**: Die drei Leistungsgruppen bei Verkäufern

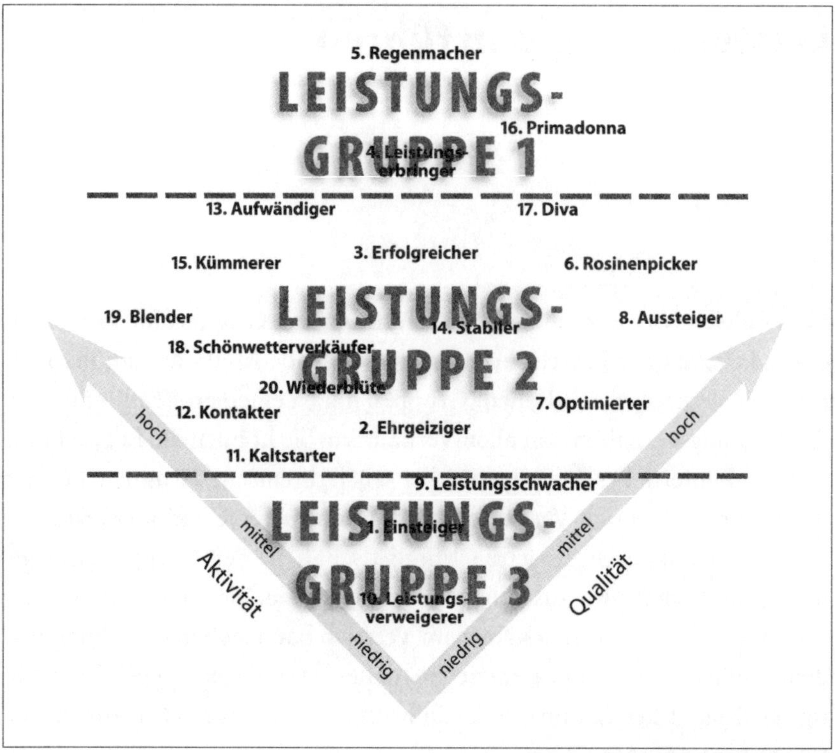

tet das für die Führungskraft, dass sie sich sowohl mit den Kleingruppen als auch mit der Großgruppe trifft.

Leistungsgruppen bestehen aus Typen mit ähnlicher Leistung, die leistungsdifferenziert geführt werden.[22] Wir differenzieren und behandeln dabei die Gruppen unterschiedlich. Wer alle Gruppen immer gleich behandelt, ist auf dem besten Weg, eine schlechte Führungskraft zu werden. Denn: Allen Menschen recht getan, ist eine Kunst, die niemand kann. Die besten Verkäufer finden es immer ungerecht, wenn die leistungsschwachen genau so behandelt werden wie sie. Hinter der Haltung, alle gleich zu behandeln, steht häufig die Angst, unangenehme Aufgaben als Führungskraft zu lösen. Doch sind es meist diese unangenehmen Tätigkeiten, die eine Führungskraft erst ausmachen. In der Gruppenführung ist es wichtig, die Gruppen tatsächlich anders zu behandeln. Je nach Leistung sollen dabei Unterschiede gemacht werden.

Verkäufer agieren in den Leistungsgruppen sehr unterschiedlich. Die Differenzierung nach den Leistungsgruppen wird meistens nach folgendem Schlüssel durchgeführt: Verkäufer werden in drei Kategorien eingeteilt: Erstens in die der besten Verkäufer, die ungefähr 20 Prozent der Mitarbeiter ausmachen, zweitens in die der durchschnittlichen Verkäufer, die etwa 60 Prozent der Mitarbeiter ausmachen, und drittens in die der leistungsschwachen Verkäufer, denen etwa 20 Prozent der Mitarbeiter zuzurechnen sind.[23]

Diese drei Untergruppen unterscheiden sich grundsätzlich in ihrem Leistungsverhalten. Das Entscheidungskriterium für die Zugehörigkeit zu der Gruppe ist in erster Linie das erzielte Ergebnis. Aber es können genauso andere Kenngrößen, wie etwa die Zielerreichung oder Aktionserfolge, für eine Klassifizierung herangezogen werden.

Unter den Verkäufern in den Leistungsgruppen gibt es eine Dynamik und eine Orientierung an der Gruppe. Diese Gruppendynamik führt zu einem homogenen Verhalten in der Gemeinschaft. So kann die Gruppe sozial faulenzen, aber auch Spitzenleistungen erbringen. Verkäufer wissen genau, welches Anspruchsniveau an Leistung unter den Gruppenmitgliedern besteht. Jede dieser Leistungsgruppen hat eigene Spielregeln, denen wir uns in der Folge zuwenden werden.

Ziel einer Führung von Leistungsgruppen ist es, eine massive Leistungsveränderung, also einen Leistungssprung beim Großteil der Mitarbeiter durchzuführen. Leistungssprünge sind deutliche und sichtbare Veränderungen im Leistungsverhalten einer ganzen Gruppe von Mitarbeitern, die durch gruppendynamisches Verhalten ausgelöst werden. Die Gruppe agiert dabei relativ autonom und verändert nach Interventionen durch die Führungskraft das Leistungsverhalten. Diese Veränderung hat dann einen nachhaltigen Effekt auf die Ergebnisse. Den größten Effekt erhält man, wenn sich die Leistungsgruppe 2 bewegt. Was bewegt die große Gruppe der Leistungsgruppe 2 dazu, das Leistungsverhalten zu verändern? Dazu muss die Verkaufsführungskraft einige wichtige Weichen stellen. Erstens ist es wichtig, die erste Leistungsgruppe sichtbar zu fördern. Zweitens ist ein Coaching der leistungsschwachen Mitarbeiter einzuleiten und dabei ist die dritte Leistungsgruppe dazu zu bewegen, die Durchschnittsproduktivität der gesamten Gruppe zu erreichen. Drittens ist mit der Leistungsgruppe 2 der Leistungssprung durchzuführen. In jeder Phase sind zum Teil andere Instrumente und Führungsansätze anzuwenden.

Verkaufsaktionen sind eine weiteres Einsatzgebiet für Leistungsgruppen. Hier wird der Gruppenprozess im Rahmen einer Verkaufsaktion zeitlich limitiert angewandt. Dabei wird nur in dieser Aktion die Leistung gemessen und dargestellt. Das ist in der Praxis in indirekten Vertrieben eine sehr häufig anzutreffende Methode. Dabei wird das Jahr in Aktionszeiträume eingeteilt und im Rahmen jeder Aktion werden Leistungsgruppen bestimmt und in Leistungsgruppen geführt.

Wie Sie Leistungsgruppen bestimmen

Über den Sinn und Unsinn, über die Fairness und Gerechtigkeit von Einstufungen und Klassifizierungen kann man streiten. Sind Leistungsgruppen eine klare und eindeutige Einstufung von Verkäufern? Auf jeden Fall sind sie in Vertriebsorganisationen häufig verbreitet und die Führung von Leistungsgruppen ist ein wirksames Führungsinstrument. Wie können Sie als Führungskraft Leistungsgruppen unter Ihren Verkäufern bilden? Was sind die Voraussetzungen für die Bildung dieser Gruppen?

Es sind ähnliche Voraussetzungen wie bei anderen Vergleichen von Verkäufern.

- *Erstens:* Die Verkäufer selbst und deren Verkaufsleistung sollen im Groben und Ganzen einmal vergleichbar sein. Die Verkäufer sollen also ähnliche Gebiets- und Kundenstrukturen besitzen. Auch die Größe der Kunden und die Potenziale sollen ähnlich sein, ebenso der Entwicklungstand der Gebiete, die verkauften Produkte und die Marktstellung. Vor einer vollkommenen Illusion soll aber gewarnt werden, eine hundertprozentige Vergleichbarkeit aller Parameter im Vertrieb kann niemals erreichet werden. Auf jeden Fall soll man als Führungskraft immer bestrebt sein, für einen hohen Grad an Vergleichbarkeit zu sorgen.

- *Zweitens:* Auch die Fertigkeiten und Kenntnisse der Personen sollten vergleichbar sein. Um keine Verzerrungen der Daten zu erhalten, ist es sinnvoll, zu klären, welche Verkäufer tatsächlich in Leistungsgruppen geführt werden, und welche nicht. Wer neu in den Vertrieb kommt, dem soll eine Einarbeitungszeit eingeräumt werden, und Verkäufer, die in einem halben Jahr in Pension gehen, sind auch wenig geeignet zur Einordnung in Leistungsgruppen. In der Praxis haben sich der Welpenschutz für neue Verkäufer und Autonomie für »alte« Verkäufer bewährt. Dabei wird erst nach der Einarbeitungsphase die persönliche Leistung gemessen oder der Verkäufer wird aus verschiedenen Gründen von der Gruppenbewertung komplett befreit.
- *Drittens:* Auch die zeitliche Dimension ist wesentlich. Der hier vorgestellte Prozess der Ermittlung und der Führung von Leistungsgruppen dauert in der Regel ein Jahr, in seltenen Fällen ist es auch möglich, ihn in kürzeren Zeiträumen – wie einem halben Jahr oder in drei Monaten – durchzuführen. Die Leitungsgruppenermittlung bei Aktionen ist in der Regel kürzer, hier kann der Prozess innerhalb von zwei bis sechs Wochen durchgeführt werden.
- *Viertens:* Wenig Sinn macht auch eine Leistungsgruppenbetrachtung, wenn jeder Verkäufer in einem anderen Vertriebskanal agiert und somit nicht direkt vergleichbar ist. Auch abzuraten ist, wenn die Struktur des Vertriebs nicht geeignet ist, eine Gruppenführung durchzuführen. Das ist der Fall, wenn ein Verkäufer die Key Accounts betreut, ein weiterer die Händler, ein Dritter den Direktverkauf und ein Vierter den Telefonverkauf. Die Führung von Leistungsgruppen eignet sich am besten bei Verkäufern, die Ähnliches machen.

Nachdem die Voraussetzungen geklärt sind, können wir mit der Einteilung der Verkäufer in die Leistungsstufen beginnen. Wie können Sie dabei vorgehen? Die beliebteste und daher auch die am weitesten verwendete Variante ist die Aufteilung der Verkäufer in drei Leistungsgruppen. Die Grundlage für die Aufteilung ist eine Ergebnisrangfolge von Verkäufern. Dabei werden die Verkäufer zuerst nach den erzielten Ergebnissen und dann nach ihrer numerischen Anzahl verteilt. Nun können Sie die Verteilung der Verkäufer nach Ergebnissen und die Verteilung der Verkäufer nach der Anzahl vergleichen. Damit entsteht ein Muster. Das Muster der Verteilung gibt rasch einen Überblick über das Leistungsverhalten.

Dieser simple Vergleich gibt Ihnen sehr schnell einen ersten Eindruck über die Leistungsgruppen, in denen sich Verkäufer befinden. Gehen wir folgendes Beispiel gemeinsam durch: Angenommen, Sie haben 15 Verkäufer. In Abbildung 11 sehen Sie eine Möglichkeit der Zuordnung. Die Verkäufer werden als Dreiecke dargestellt. Die hellen Dreiecke beschrei-

Abbildung 11: Leistungsgruppenanalyse bei 15 Verkäufern

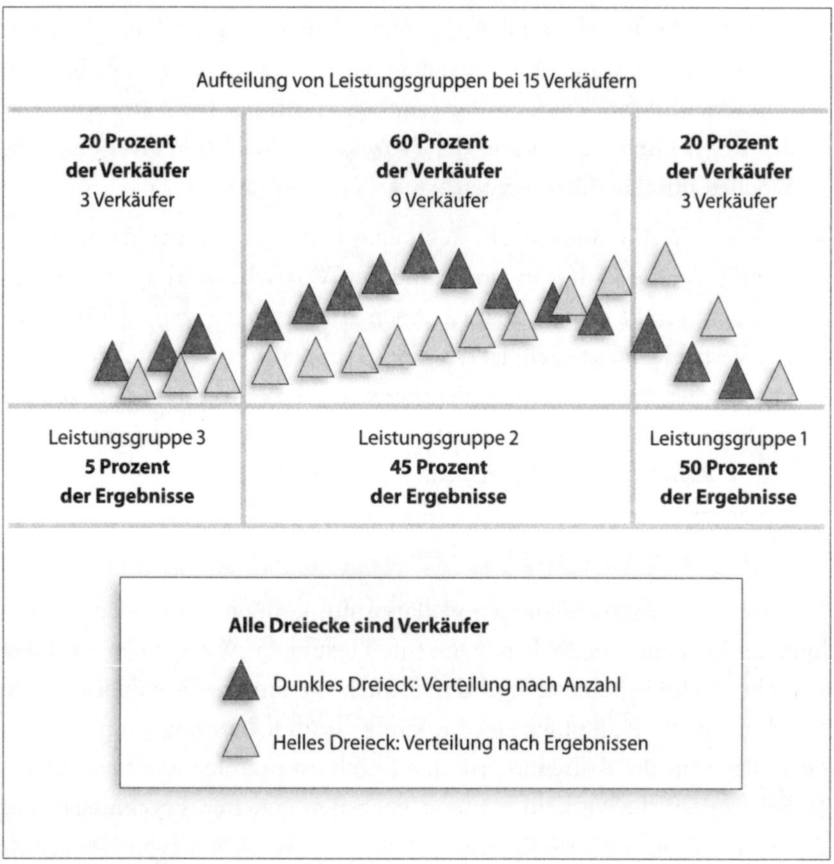

ben die Verteilung der Verkäufer nach den Ergebnissen, die dunklen Dreiecke zeigen die Verteilung nach der Anzahl der Verkäufer.

Wenn Sie eine Leistungsgruppenanalyse im eigenen Unternehmen einsetzen, werden Sie natürlich nicht genau das gleiche Muster wie im genannten Beispiel erhalten. Diese Daten sind nur ein Schnitt aus vielen Leistungsgruppenanalysen, die im Einzelfall immer etwas abweichen. Wichtig ist es, in der dritten Leistungsgruppe nur jene Verkäufer aufzunehmen, die tatsächlich unterdurchschnittlich zum Ergebnis beitragen. In der zweiten Leistungsgruppe sollten sich die Verkäufer befinden, die durchschnittlich verkaufen. In die erste Leistungsgruppe sortieren Sie die besten Verkäufer ein, die Leistungsträger, die bis zu 50 Prozent der Ergebnisse erwirtschaften.

Die zweithäufigste Form der Leistungsgruppenanalyse ist die Analyse der Zielerreichung. Es wird hier anstatt der Ergebnisse die Zielerreichung jedes Verkäufers in einem Zeitraum herangezogen. Dann ist die erste Leistungsgruppe jene Gruppe, die über den Werten der Zielerreichung liegt. Die zweite Leistungsgruppe ist jene Gruppe, die knapp unter der Zielerreichung liegt. Und die dritte Gruppe ist jene Gruppe, die von der Zielerreichung noch weit entfernt ist. Diese Methode wird meist bei nicht vergleichbaren Kunden- und Gebietsstrukturen angewandt.

In der Praxis reicht es, wenn in einer Verkaufsabteilung maximal drei Leistungsgruppen gebildet werden. Mit Leistungsgruppen wollen wir die Gesamtleistung eines Vertriebs erhöhen. Wie werden nun die Leistungsgruppen selbst geführt? Nachdem Sie Ihre Verkäufer eingestuft haben, können wir uns den Besonderheiten der drei Gruppen einzeln zuwenden.

Führen der besten Verkäufer

»Die besten Verkäufer sind nicht das Ergebnis einer besonderen Persönlichkeit oder von besonderen Talenten. Der Weg zum Leitungsgipfel ist das Ergebnis von vielen kleinen, teilweise inkrementalen Vorteilen, die sich aber in der Summe gesehen zu einem gewaltigen Vorteil über die Zeit entwickeln.«

aus der Studie: Produktivität von Spitzenverkäufern

In dem Film *Up in the Air* spielt George Clooney den Berater Ryan Bingham, der mehr als 230 Tage im Jahr bei seinen Kunden verbringt. Sein Job ist das Kündigen von Mitarbeitern von Unternehmen, die seine Dienste, professionelle Verabschiedungsinterviews zu führen, in Anspruch nehmen. Seine persönliche Motivation ist es nicht, ein loyaler Mitarbeiter seines Unternehmens zu sein. Stattdessen erbringt er mit seiner Begeisterung nachhaltig Höchstleistungen beim Verkünden von Kündigungen, weil er der beste Berater sein will, weil er leisten will und er sich selbst hohe Ziele setzt. Eines seiner persönlichen Ziele ist der Bonusmeilenrekord: einen bestimmen Meilenstatus bei der Fluglinie American Airlines zu sammeln.

Langfristig Höchstleistungen zu erbringen, ist das vorrangige Ziel der besten Verkäufer. Wie schaffen es diese Menschen, die bereits erfolgreich sind, immer wieder hungrig auf neue Erfolge zu sein? Sie haben beziehungsweise schaffen sich kontinuierlich Ziele, die sie zu erreichen versuchen. Was können Sie als Führungskraft dazu beitragen? Sie können für einige dieser Ziele sorgen. Dazu ist es erst einmal wichtig, den Mitarbeitern klar zu machen, warum es Spaß macht, sich für ein gemeinsames Ziel zu engagieren. Dieses Ziel in der Gruppe hat wenig mit den sogenannten Unternehmenszielen zu tun, denn diese werden in der Gruppe der besten Verkäufer ohnedies akzeptiert, angestrebt und auch erreicht. Es muss darüber hinaus ein Ziel sein, das die Teilnehmer anspornt, alles zu geben. Dieses Ziel kann etwas kurioses sein, wie eine magische Zahl, etwa hundert Millionen Euro Umsatz oder der tausendste Kunde. Es geht dabei nicht um das Ziel an sich, sondern ob Sie es schaffen, die Gruppenmitglieder auf dieses Ziel auszurichten.

Die Besten Verkäufer, die Leistungsträger, das sind die »Top Shots« des Vertriebs, also der Leistungserbringer, der Regenmacher und die Primadonna. Es können sich aber auch Diven und Erfolgreiche in der Gruppe befinden. Sie sind meist nur eine Handvoll Verkäufer, die aber bis zu 50 Prozent der Umsätze und Ergebnisse erwirtschaften. Wie kann nun ein Verkaufsleiter die erste Leistungsgruppe – das sind die besten Verkäufer, also die Leistungsträger – bilden? In unserem Fall haben wird die erste Leistungsgruppe so definiert, dass sie etwa 20 Prozent der Verkäufer umfasst, die 50 Prozent des Ergebnisses erwirtschaften. Diese oder eine ähnliche Verteilung wird in der Regel herangezogen, wenn es um die Bestimmung der besten Verkäufer geht. Diese Aufteilung sollte man unbedingt mit Augenmaß und gesundem Menschenverstand machen, und im Zweifel Mitarbeiter aus der Gruppenbewertung herausnehmen.

Die besten Verkäufer erbringen kontinuierlich und über einen längeren Zeitraum konstant hohe Leistungen. Die Motivation in dieser Gruppe ist sehr unterschiedlich. Sie kann monetär getrieben sein oder der dominante Leistungstreiber ist die Anerkennung. Sie können aber davon ausgehen, dass Anerkennung in dieser Gruppe einen hohen Stellenwert besitzt. Als Faustregel gilt: Je älter die Verkäufer in der Gruppe sind, desto mehr Bestätigung und Ansehen will diese Gruppe. Je jünger die Führungskraft verglichen mit den besten Verkäufern ist, desto wichtiger ist auch der Faktor Anerkennung in der Führung.

Psychologisch betrachtet hat diese Gruppe das Gefühl, den Markt im Griff zu haben und das Unternehmen zu finanzieren. Daraus ergibt sich ein hohes Selbstbewusstsein, aber auch eine hoher Anspruch an sich selbst. Diese Gruppe will es sich selbst und der Welt beweisen. Je transparenter das Leistungsverhalten im Unternehmen ist, desto ausgeprägter ist dieser Wunsch.

Wenn die besten Verkäufer sich selbst beschreiben, dann werden folgende Eigenschaften genannt: Wir haben einen ausgezeichneten Umgang mit Kunden sowie hohes Einfühlungsvermögen, haben sehr gute Menschenkenntnisse, sind ehrgeizig, sind zielstrebig, haben ein kompetentes Auftreten, sind ehrlich, zuverlässig und hoch motiviert, haben Erfahrung, sind kompetent, können aktiv zuhören und sind flexibel. Vor allem haben die besten Verkäufer aber die Fähigkeit, Beziehungen aufzubauen. Kontaktfreude und Ehrlichkeit zählen zu den besonders wichtigen Eigenschaften, genauso wie Zuverlässigkeit und Ehrgeiz. Die besten Verkäufer pflegen einen individuellen Umgang mit Kunden. Sie versuchen, langfristige partnerschaftliche Beziehungen aufzubauen und damit einen Informationsvorsprung gegenüber der Konkurrenz zu erhalten, um mithilfe dieser Informationen rascher zu einem Abschluss zu kommen. Einfühlungsvermögen ist eine der wichtigsten Eigenschaften, um die konkreten Bedürfnisse der Kunden zu erkennen und speziell darauf einzugehen. Die Besten unter den Verkäufern beherrschen auch die Grundlagen des Verkaufens besonders gut. Im speziellen bedeutet dies eine Ansammlung vieler kleiner Vorteile, die sich in ihrer Gesamtheit zu einem herausragenden Vorteil kumulieren. So können einige der besten Verkäufer teilweise mehr als das Zehnfache an Resultaten erzielen wie Durchschnittsverkäufer. Alle Verkäufer haben theoretisch die gleiche Arbeitszeit, aber keine andere Verkäufergruppe schafft es, den Anteil der Kundenzeit an der Verkaufszeit so hoch zu halten wie diese Gruppe. Ein weiteres Unterscheidungskriterium zum Durchschnittsverkäufer ist die Vorbereitung auf die Kundenzeit. Die besten Verkäufer verbringen viel Zeit mit dem Kunden und diese Zeit ist auch sehr gut ge- und verplant.

Die Kontaktrate der besten Verkäufer ist unter den gleichen Voraussetzungen sowohl relativ als auch absolut höher. Es kommt vor, dass sie durch die höhere Kundenzeit eine um bis zu 50 Prozent höhere Kontaktrate haben. Sie entwickeln aus ihren Gesamt- und Mehrfachkontakten mehr Chancen für neue Geschäftsmöglichkeiten. Die Kontaktchancenquote beträgt oft 30 Prozent. Die intensive Kundenbetreuung bewirkt einen Informationsvorsprung. Die Ausschöpfungsquote ist besser, der eigene Einsatz geringer und die Profitabilität weitaus höher. Obwohl alle Kunden quasi gleich betreut werden, ist die Aktivitätsdichte bei potenzialstarken Kunden höher. Schwierige Kunden jedoch werden systematisch gemieden. Die Realisierungswahrscheinlichkeit von Aktivitäten ist bei den besten Verkäufern deutlich höher als bei Durchschnittsverkäufern. Dadurch ist es möglich, dass die Abschlussquoten bei Spitzenverkäufern deutlich besser sind und zwischen 50 und 70 Prozent liegen. Die besten Verkäufer übernehmen Firmenziele als ihre eigenen Ziele und 20 Prozent von ihnen überhöhen die vorgegebenen Ziele aus eigenem Antrieb.

*Steckbrief: **Die besten Verkäufer** (»Die Leistungsträger«)*

Regenmacher, Leistungserbringer, Primadonna, teilweise auch Diva und Erfolgreicher

Anteil am Ergebnis

Bis zu 50 Prozent

Anzahl der Verkäufer

Bis zu 20 Prozent

Zielorientierung

Eigene Ziele sind höher als Unternehmensziele. Will eigene Ziele in seiner Leistungsgruppe und will zusätzliche neue Herausforderungen. Hoch motivierbar durch zusätzliche Zielsysteme

Leistungsbereitschaft

Hohe Leistungsbereitschaft, die in Notsituationen (zum Beispiel bei einem Umsatzeinbruch) noch zusätzlich aktiviert werden kann

Gruppenführungsansatz

Die erste Zielgruppe für Maßnahmen bei Veränderungen. Erst wenn diese Zielgruppe überzeugt ist, können weitere Schritte vorgenommen werden. Leistungsträger sind nur mit Leistungsträgern zu vergleichen

Führungsinstrumente

Leistungssog durch Vorbildwirkung erzeugen, Wettbewerbe unter den Besten einführen

Maßnahmen bei den besten Verkäufern

Spitzen erhöhen die Leistung

Es ist ein interessantes Phänomen, bei der Leistungserbringung der besten Verkäufer zu beobachten, dass die Gesamtleistung bei einer an sich schon hohen Leistung durch eine in regelmäßigen Abständen erzeugte künstliche Leistungsspitze noch weiter erhöht werden kann. Dieser Effekt entsteht durch Rationalisierung in der Kundenbetreuung und in der Ausnutzung des Effekts, dass man, wenn man schon beim Kunden vor Ort ist, noch zusätzliche Maßnahmen zur Ankurblung des Geschäfts setzt. Damit erhöht sich die Schlagkraft jedes einzelnen Kundenbesuchs. Je besser und erfolgreicher Verkäufer sind, desto höher kann die kurzfristige Leistungsspitze eingeplant werden.

Wettbewerbe unter den Leistungsträgern

Besonders in der Gruppe der besten Verkäufer ist es sinnvoll, Wettbewerbe durchzuführen. Damit wird das Anspruchsniveau noch weiter erhöht und ein Nivellieren von Leistungswerten nach unten vermieden. Leistungsträger lieben den Wettbewerb und die Herausforderung. Daher ist es in dieser Gruppe besonders wichtig, laufend Wettbewerbe zu veranstalten. Erstens bewegt sich bei einem Wettbewerb unter den Besten tatsächlich etwas. Umsätze und Erträge können in dieser Gruppe am meisten gesteigert werden. Und zweitens ist die Gruppe am leichtesten zu einem Wettbewerb zu motivieren. Bei diesem Wettkampf sollen aber nur die besten Verkäufer in Konkurrenz stehen, denn auch das ist eine Besonderheit dieser Gruppe: Sie will sich nur mit den Besten in einem Wettbewerb messen.

Führen durchschnittlicher Verkäufer

> Das Durchschnittliche gibt der Welt ihren Bestand,
> das Außergewöhnliche ihren Wert!
>
> *Oscar Wilde*

Die Mitte ist grau und kariert, sie ist träge, aber sehr beständig. Sie macht niemals einen großen Schritt, aber selbst wenn sie nur einen kleinen Schritt macht, bewegt sich viel, da sich in der Mitte mehr als 50 Prozent der Verkäufer befinden. So beschreiben Verkaufsleiter die Verkäufer in der Mitte: Die Mitte einer Großgruppe hat immer ein bestimmtes, meist vorhersehbares Verhalten. In unserem Beispiel befinden sich 60 Prozent der Verkäufer, die 45 Prozent der Ergebnisse erbringen, in dieser Leistungsgruppe. Die durchschnittlichen Verkäufer grenzen sich einerseits nach oben zu den Leistungsträgern durch ein vermindertes Anspruchsniveau im Leistungsbereich ab und andererseits nach unten, zu den leistungsschwachen Verkäufern, durch einen höheren Qualitätsanspruch. Was bedeutet das konkret?

Die durchschnittlichen Leistungserbringer als Gruppe haben zwei Ängste. Die erste Angst ist: Sie wollen nicht die *Ersten* sein. Aber die noch viel größere Angst ist: Sie wollen niemals die *Letzten* sein. Die Aufstiegs- und auch die Abstiegsangst behindert die Gruppe in ihrer Leistungsentwicklung. Wenn man nach den Ängsten im Beruf fragt, so ist die größte Furcht der durchschnittlichen Leistungserbringer, am Ende der Rankings oder einer Leistungsbewertung zu stehen. Aber sie wollen auch nicht zu den Besten gehören, denn das bedeutet in der Regel einen höheren Arbeitsaufwand, zu dem sie in der Situation nicht bereit sind. Die Auf- und die Abstiegsangst halten quasi die Gruppe in der Mitte gefangen. Die Führungskraft hat die Aufgabe, der Gruppe die Furcht vor dem Aufstieg zu nehmen.

Steckbrief: Die durchschnittlichen Verkäufer (»Die zurückhaltende Mitte«)

Stabiler, Rosinenpicker, Optimierter, Aussteiger, Kaltstarter, Kontakter, Aufwändiger, Kümmerer, teilweise auch Diva und Erfolgreicher

Anteil am Ergebnis

Bis zu 45 Prozent

Anzahl der Verkäufer

Bis zu 60 Prozent

Zielorientierung

Wollen in der Mitte sein, haben Aufstiegs- und Abstiegsängste

Leistungsbereitschaft

Immer am Durchschnitt der Gesamtgruppe orientiert

Gruppenführungsansatz

Die letzte Zielgruppe für Maßnahmen und Veränderung. Erst wenn sich alle anderen Gruppen verändert haben, erfolgt die Konzentration auf die durchschnittlichen Verkäufer

Führungsinstrumente

Die beste Zielgruppe für kontinuierliche Leistungssteigerung und den Leistungssprung

Wie stabil ist die Mitte? Wie kann man sie bewegen? Und wann bewegt sie sich? Folgende Maßnahmen sind gut geeignet, um die Mitte zu mobilisieren:

Maßnahmen bei den durchschnittlichen Verkäufern

Transparenz als Leistungstreiber

Nicht jeder Verkäufer reagiert gleich auf das Thema Transparenz. Einige lehnen sie ab und werden demotiviert, wenn ihre Leistung transparent und für alle ersichtlich ist, andere werden angespornt, und wieder anderen ist es egal, wenn die Leistung transparent ist. Für viele durchschnittliche Leistungserbringer jedoch ist Transparenz eine Maßnahme, über die sehr gut gesteuert und das Ergebnis zudem einfach beeinflusst werden kann.

Durchschnittliche Verkäufer sind sensibel für jede Form von Offenlegung von Leistungsdaten. Sie wissen genau, wo sie und wo die anderen stehen. Für viele Verkäufer in der Mitte ist es überaus wichtig, Klarheit über ihr eigenes Leistungsverhalten, aber auch über das Leistungsverhalten der ganzen Gruppe zu haben. Sie richten ihre eigene Leistung meistens an dem Leistungsverhalten der gesamten Gruppe aus. Dabei ist es aber egal, welches absolute Leistungsniveau diese Gruppe hat. Die Gemeinschaft als Gesamtes agiert als autonomes Leistungsobjekt und da ist es egal, ob die Gruppenleistung hervorragend oder unterdurchschnittlich ist.

Transparenz der Leistung kann am leichtesten über Rankings, die den Verkäufern vorgestellt werden, erreicht werden. Steigt also der Durchschnitt wie zum Beispiel bei einem Leistungssprung an, dann verbessert sich das Leistungsverhalten der Mitte automatisch.

Kontinuierlichen Leistungssteigerungsprozess einführen – Den Leistungssprung machen!

Was wollen Führungskräfte erreichen? Jedes Jahr mehr Umsatz und bessere Erträge. Wenn man das alles erreicht hat, was ist dann? Es wird trotz allem Leistungsgruppen geben, aber auf einem höheren Niveau. Das oberste Ziel muss es sein, immer ein neues Leistungsniveau zu erreichen und die durchschnittliche Leistung der Verkäufer zu steigern. Wenn es um das Umsetzen von Maßnahmen im Vertrieb geht, dann gilt die alte Veränderungsregel: Wer die besten Verkäufer *gegen* sich hat, wird sich schwer tun, Veränderungen umzusetzen. Daher ist es die erste und wichtigste Aufgabe des Vertriebsleiters, die besten Verkäufer zu informieren und für das Umsetzungsprojekt zu begeistern. Nehmen Sie sich zumindest ein bis zwei Wochen Zeit, um Ihre Top-Verkäufer zu überzeugen. Schaffen Sie für die besten Verkäufer einen Nutzen, wenn sie dieses Projekt unterstützen, und nehmen Sie ihre Umsetzungsvorschläge ernst.

Wie kann nun so ein Leistungssteigerungsprozess aussehen?

- *Schritt 1:* Starten Sie regelmäßig (mindestens einmal im Jahr) mit der ersten Leistungsgruppe und versuchen Sie alles, um diese Gruppe zu entlasten, zum Beispiel durch zusätzliche Unterstützung. Sie benötigen als Führungskraft Vertrauen von dieser Gruppe. Erst nachdem Ihnen dieser Schritt gelungen ist, wenden Sie sich den leistungsschwachen Verkäufern zu.
- *Schritt 2:* Im zweiten Schritt konzentrieren Sie sich auf die dritte Leistungsgruppe, die leistungsschwachen Verkäufer. Hier ist das Ziel, einige der leistungsschwachen Verkäufer bis zur Durchschnittsproduktivität des gesamten Teams zu bewegen. Die Maßnahmen, die hier gesetzt werden, sind natürlich andere, denn hier gilt es, das Leistungsniveau zügig zu erhöhen. Hier eignen sich retrograde Zielvisualisierungen, die dem Verkäufer zeigen, wie rasch er seine Ziele erreichen kann. Eine sehr enge Führung ist in diesem Stadium notwendig.
- *Schritt 3:* Die Zielgruppe des dritten Schrittes ist die Leistungsgruppe 2, die durchschnittlichen Leistungserbringer. Informieren Sie die leis-

tungsschwachen Verkäufer am besten in Anwesenheit der durchschnittlichen Leistungserbringer. Zeigen Sie den Durchschnittlichen, dass bereits einige der Leistungsschwachen bessere Leistungen als sie selbst erbringen. Zeigen Sie klar auf, wie Sie die Top-Verkäufer zu sich ins Boot geholt haben und wie die Leistungsschwachen erfolgreich wurden. Diese Gruppe verändert ihr Verhalten, wenn die leistungsstärkere Gruppe das Projekt unterstützt und die Leistungsschwachen bereits an den Durchschnitt herankommen. Damit haben Sie erreicht, dass das Leistungsniveau des gesamten Verkaufsteams steigt. Dieses Vorgehen wird Leistungssprung genannt.

Das Ziel dieser Maßnahme sind Veränderungen bei den durchschnittlichen Verkäufern, da sie die größte Gruppe unter den Verkäufern darstellen. Der Leistungssprung ist ein Führungsinstrument, welches die Stabilität der Mitte auflöst. Leistungssprünge sind sichtbare Veränderungen im Leistungsverhalten einer Verkäufergruppe. Die Gruppe agiert dabei relativ autonom und verändert plötzlich das Leistungsverhalten durch einen kleinen Schritt jedes Einzelnen nach vorne, der aber in der Summe eine große Bewegung bei den Ergebnissen verursacht.

Führen leistungsschwacher Verkäufer

Die meisten Absteiger wollen gleich wieder aufsteigen!
(Fußballweisheit)

Leistungsschwache Mitarbeiter werden häufig von der Führungskraft versteckt. Das hat einen einfachen Grund: Eine Führungskraft gibt nicht gerne zu, leistungsschwache Mitarbeiter in ihrem Team zu haben. Erstens schadet es dem Ansehen einer Führungskraft, zweitens ist der Einfluss eines leistungsschwachen Verkäufers auf das zahlenmäßige Gesamtergebnis gering, drittens ist es ein Leichtes für den Verkaufsleiter, selbst bei eigenen Kunden zu verkaufen oder viertens den besten Verkäufern noch ein klein wenig mehr abzuverlangen, um den Einbruch auszugleichen. Doch dieses Verhalten kann man vielleicht im Unternehmen verstecken, aber nicht in der Vertriebsabteilung und schon gar nicht im Markt. Wie reagiert die Gruppe der Verkäufer auf dieses Verhalten? Wie verändert sich das Anspruchsniveau der Verkäufer? Ein Verstecken der Leistungsschwachen ist nicht zu empfehlen, denn das hat einen negativen Einfluss auf die Stimmung der Gruppe. Und wenn einem Leistungsschwachen die Verantwortung über einen Kundenstock oder über ein Gebiet übergeben wurde, dann ist auch der Marktanteil in Gefahr.

Bei den Leistungsschwachen sind etwa 20 Prozent der Verkäufer, die nur 5 Prozent der Ergebnisse erwirtschaften. Die leistungsschwachen Verkäufer sind ein heterogener Zusammenschluss von Mitarbeitern, die entweder am Beginn ihrer Berufsausbildung oder neu in der Branche sind, oder einige, die aus anderen Bereichen des Unternehmens in den Vertrieb gewechselt haben. Aber es gibt darin auch einige Verkäufer, die einige Jahre im Bereich Verkaufen gearbeitet haben, aber es nicht mehr schaffen, mehr als die Minimalvoraussetzungen der Leistungserstellung zu erbringen. Die erwirtschafteten Ergebnisse dieser Leistungstruppe machen in der Regel maximal 10 Prozent der Ergebnisse der Gesamtgruppe aus. Leistungsschwache zu führen, bedeutet zunächst einmal, Fairness herzustellen. Neue Mitarbeiter sollen aus diesem Beurteilungsprozess vorerst ausgenommen werden. Es ist eine Tatsache, dass die Gruppe der Leistungsschwachen tatsächlich mehr verkaufen kann, als sie derzeit verkauft. Diese Differenz nennt man Leistungslücke. Die Aufgabe der Führungskraft ist es nun, diese Leistungslücke zu schließen.

Steckbrief: ***Die Leistungsschwachen*** *(»Die Minderleister«)*

Leistungsschwacher, teilweise auch Kaltstarter, Einsteiger, Kontakter

Anteil am Ergebnis

Bis zu 10 Prozent

Anzahl der Verkäufer

Bis zu 20 Prozent

Zielorientierung

Können Unternehmensziele noch nicht annehmen

Leistungsbereitschaft

Geringe Leistungsbereitschaft

Gruppenführungsansatz

Die zweite Zielgruppe für Maßnahmen und bei Veränderungen. Durch retrograde Maßnahmen Aufstiegsgeist erzeugen

Führungsinstrumente

Unterdurchschnittliche Verkäufer zur Durchschnittsproduktivität bewegen

Maßnahmen bei den leistungsschwachen Verkäufern

Mindestleistungen einfordern

Besonders bei den Leistungsschwachen ist es ein Vorteil, mit definierten Mindestleistungen im Verkauf zu arbeiten. Dazu sind die Kosten eines Verkäufers mit den von ihm erwirtschafteten Erträgen ins Verhältnis zu setzen. Der Verkäufer sollte sich demnach in einem oder in maximal zwei Jahren rentieren. Hier sind fixe Minimalleistungen zu erreichen, welche dem Verkäufer vorgegeben werden sollen. Innerhalb eines Jahres ist also ein bestimmter Umsatz und ein Ergebnis zu erreichen. Beim Nichterreichen der Vorgaben sind Konsequenzen zu setzen.

Welpenschutz bei neuen Mitarbeitern

Wenn Mitarbeiter neu im Vertrieb sind, sollen sie aus dem Prozess der Gruppenführung ausgenommen werden. Eine zu frühe Leistungsverantwortung kann neue Mitarbeiter verstören. Bei vielen Unternehmen wird eine sogenannte Schutzzeit eingeführt. Erst nach einer bestimmten Zeit, in der ausgebildet wird, wird der Verkäufer in die Leistungsverantwortung genommen.

Verkäufer zur Durchschnittsproduktivität bewegen

Jeder Mitarbeiter im Vertrieb sollte die Durchschnittsproduktivität des gesamten Verkaufsteams erreichen können. Der Zug nach oben, das Verschieben der Durchschnittproduktivität, wird dann erreicht, wenn die unterdurchschnittlichen Verkäufer an den Durchschnitt herangeführt werden. Das bedeutet, es ist vielleicht nicht möglich, alle Leistungsschwachen zu den besten Verkäufern zu machen. Aber die Durchschnittsproduktivität des Teams sollte für jeden Verkäufer erreichbar sein. Das ist die eigentliche Hauptaufgabe für Verkaufsleiter bei leistungsschwachen Verkäufern.

Die erste Maßnahme, die Sie setzen sollten, ist es, Leistungsverweigerung überhaupt nicht zu dulden. Sie werden von allen Verkäufern in erster Linie danach beurteilt, wie Sie mit den Leistungsverweigerern im Vertrieb umgehen. Jeder im Vertrieb kennt Sie und das ist in der Regel eine unangenehme Maßnahme, die aber den Vertrieb voranbringt. Die Beurteilung der Führungskraft durch die Gesamtgruppe hängt davon ab, wie Sie mit dieser Zielgruppe umgehen. Jedes Nichtagieren in diesem Bereich wird von der Gesamtgruppe als Schwäche der Führungskraft ausgelegt.

Kapitel 11

Leistungsmilieus führen

Ein Milieu ist eine bestimmte soziale Umgebung, die Bedingungen beinhaltet, denen ein einzelner Verkäufer ausgesetzt ist. Wir unterscheiden hier zwischen drei Milieus: das Milieu der Aufsteiger, das Milieu der Absteiger und das Milieu der Beobachter. Wir definieren hier ein Milieu als eine Gesinnungsgenossenschaft, in der ein gleicher oder ähnlicher Geist herrscht. Das Führen dieser drei Milieus, in denen der gleiche oder ein ähnlicher Grundgedanke herrscht, ist neben der Einzelführung und der Gruppenführung von Verkäufern der nächste Führungsansatz, den wir in diesem Buch behandeln. Was unterscheidet das Leistungsmilieu von der Leistungsgruppe? Unsere Milieus sind natürlich auch eine Gruppierung. Es ist aber die Zusammensetzung der Gruppe, die eine Unterscheidung ausmacht. Im Milieu wird nach Sinnungsgenossenschaften gruppiert und nicht nach der Leistung, wie in der Gruppenführung. Werden in der Gruppenführung bei den Leistungsträgern die besten Mitarbeiter zu einer Gruppe zusammengeführt, dann können zum Beispiel in einem Aufsteigermilieu sehr gute Mitarbeiter gemeinsam mit einem Einsteiger in der gleichen Gruppierung sein. Auch Mitarbeiter, die von der Leistungsgruppenführung ausgenommen sind und zum Beispiel unter Welpenschutz stehen, sind hier mit den besten Verkäufern gemeinsam in einer Gruppe. Dies führt zu einer anderen Zusammensetzung der Gruppe. So kann es durchaus vorkommen, dass zum Beispiel bei den Aufsteigern Mitarbeiter, die gerade zu Verkaufen beginnen, mit den besten Verkäufern beisammen sind. Damit sind wir auch schon beim entscheidenden Punkt in der Milieuführung. Hier geht es um die Steuerung von Stimmungen, Wünschen und Motiven. Diese spezielle Gruppenzusammenstellung beeinflusst natürlich auch die Stimmung im Milieu.

Milieus zu führen, geschieht dabei auf eine subtilere Art und Weise, als die Führung von Leistungsgruppen. Ein Beispiel ist die Steuerung des Umgangs, den der Mitarbeiter pflegt. Niemand kann einem erwachsenen Menschen vorgeben, mit wem er zu verkehren hat. Aber man kann unterstützend einwirken. So ist es immer besser, wenn Aufsteiger häufig nur unter sich sind. Wenn ein Aufsteiger viele Kontakte zu Absteigern hat, dann kann das sein Verhalten negativ beeinflussen. Die Führungskraft hat

Abbildung 12: Die drei Leistungsmilieus

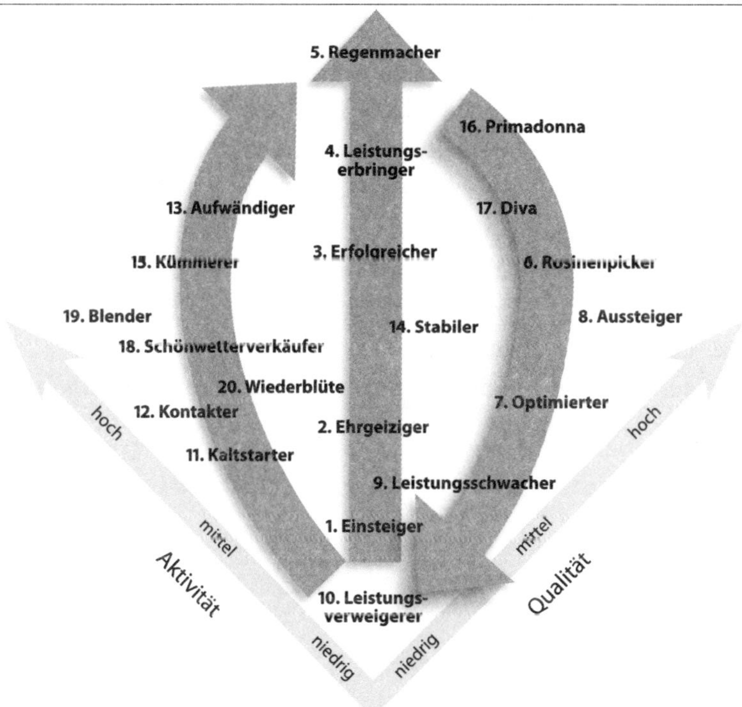

Gruppe der Aufsteiger:	1–5, 16 , 20
Gruppe der Absteiger:	6–10, 17
Gruppe der Beobachter:	10–15, 18, 19

bei Aufsteigern dafür zu sorgen, dass sie nicht in »schlechte Kreise« abrutschen.

Das Aufsteigen, Absteigen und ein Neustart gehören zum Leben eines Verkäufers. Nur die wenigsten Verkäufer können einen einmal erreichten Zustand auf ewige Zeiten halten. Die Leistungstrends von Verkäufern können sowohl positiv als auch negativ sein. Ganz wenige steigen immer nur auf und bleiben dann langfristig dort. Manche fallen nur kurz zurück und es gibt auch einige, die sich im Laufe der Zeit der geforderten Leistung komplett verweigern. Führungskräfte sollen diesen Leistungstrend, sei er nun positiv oder negativ, bei den Verkäufern erkennen und gegebenenfalls eingreifen. Grundsätzlich kann sich jeder Typ im Sinne der Leistungserbringung verschlechtern oder verbessern.

Das Führen im Leistungsmilieu ist in der Regel ein unterschwelliges Führen. Achten Sie darauf, welchen Umgang der Verkäufer hat, beziehungsweise achten Sie bei den Absteigern darauf, dass sie nicht in eine Negativspirale des Leistungsverhaltens eintreten.

Milieus umfassen mehrere Typen und sind ein Spiegel der Stimmungsbilder der Leistungserbringung. Leistungsmilieus sind das Abbild der Leistungswirklichkeit in einer leistungsorientierten Organisation. Jede der Zielgruppen hat eine eigene Leistungswirklichkeit, in der eine Stimmung für oder gegen Leistung herrscht.

Im Folgenden werden die Führungsstile und die Besonderheiten der drei Milieus vorgestellt:

Führen von Aufsteigern

Wer geliebt und gelobt wird, der leidet nicht!

Dieser Typ macht garantiert Karriere! Das war eine Aussage eines Verkaufsleiters, unmittelbar nachdem er einen neuen Verkäufer einstellte. Aufsteiger fallen auf! Aufsteiger erkennt man an der positiven Stimmung, an der Heiterkeit, am Optimismus verbunden mit der Entschlossenheit, die gesteckten Ziele zu erreichen. Und das sieht und weiß man auch als

Außenstehender. Die klassischen Aufsteiger sind der Einsteiger, der Ehrgeizige, der Erfolgreiche, der Leistungsträger und der Regenmacher, aber auch die Wiederblüte – ein Verkäufer, der zuerst aufgestiegen ist, dann abgestiegen und sich nun wieder gesammelt hat und entschlossen ist, erneut aufzusteigen.

Welche Themen sind für die Führungskraft im Umgang mit Aufsteigern wichtig?

- *Erstens:* Mit Aufsteigern ist es wie mit Kindern: Man sorgt sich um sie. Wenn Sie Kinder haben, dann werden Sie ab einem gewissen Alter Ängste bekommen, dass Ihr Kind in schlechte Kreise gerät, dass der Umgang, den Ihr Kind derzeit pflegt, nicht der Richtige oder nicht altersadäquat ist. Außerdem werden Sie sich zeitweise denken, dass es besser wäre, wenn Ihr Kind andere Freunde hätte. Also werden Sie beginnen, die Auswahl der Freunde ein wenig zu beeinflussen. Das ist nur möglich, wenn Ihr Kind klein ist, denn wenn Kinder älter werden, wird der Einfluss der Eltern immer geringer. Ähnlich ist es bei neuen Mitarbeitern: Man will sie davon abhalten, in schlechte Kreise abzurutschen. Das ist der Fall, wenn der Neue zu viel mit Absteigern zusammen ist, denn dann kann es sein, dass er, bevor er richtig mit dem Verkaufen beginnt, bereits die Verhaltensweisen der Absteiger übernommen hat. Daher ist es viel besser, wenn Sie es schaffen, dass sich der neue Mitarbeiter in der Obhut eines erfolgreichen Aufsteigers befindet, der in der Lage ist, ein Vorbild zu sein und den jungen Aufsteiger fördern kann. Wenn Sie es als Führungskraft geschafft haben, diesen Prozess auf Schiene zu setzen, dann können Sie sicher sein, dass Ihr junger Einsteiger seine Zeit, in der er soziale Kontakte pflegt, mit Leuten zusammen ist, die ihm bei seiner Karriere gut tun. Junge Aufsteiger benötigen häufig ein Vorbild im Unternehmen. Daher sorgen Sie für einen Mentor aus dem Aufsteigermilieu.
- *Zweitens:* Aufsteiger sind Helden! Helden wollen nicht fallen. Verkäufer, die über längere Zeit die Vorteile eines Aufstiegs genossen haben und sich damit eine Position im Unternehmen erarbeitet haben, wollen nicht fallen, daher ist deren Tendenz, lange in dieser Position zu bleiben. 3 bis 5 Prozent aller Verkäufer sind zum Beispiel Regenmacher,

die Sie nicht führen müssen, denn sie führen sich erfolgreich selbst. Sie wollen diese Position auch unbedingt beibehalten. Sieger wollen Sieger bleiben und oft ist es das Image, das diese Verkäufer haben, das sie veranlasst, kontinuierlich eine hohe Leistung zu erbringen. Hier ist es wichtig, diese Stimmung unter den Champions lange zu halten. Die größte Gefahr ist hier die Demotivation. Daher ist die Führungskraft gefordert, einen Filter einzuschalten, damit negative Stimmungen und Ereignisse nicht unkommentiert zu den Aufsteigern durchdringen. Die Leistungserbringer und die Regenmacher sind besonders anfällig für Demotivation beim Thema Anerkennung im Unternehmen. Insbesondere dann, wenn der Verkäufer in seiner Tätigkeit in einem Topkundensegment agiert und im eigenen Unternehmen seine hierarchische Position eher niedrig angesiedelt ist.

- *Drittens:* Unterstützen Sie die Gruppe der Aufsteiger. Aufsteiger wollen etwas Sinnvolles aus ihrem Leben machen. Dieser Wunsch ist vor allem bei den jungen, ehrgeizigen Verkäufern zu finden, welche die Herausforderungen im Verkauf dazu nutzen, um viel Geld zu verdienen oder auch um etwas von der Welt zu sehen. Für viele geht es dabei um das Verdienen, um das Ansehen, aber auch darum, sich selbst oder der Welt zu beweisen, wie gut man im Verkauf ist. Die Hauptmotivation ist hier das Vorankommen. Ein Verlust an Perspektive ist die Hauptquelle der Demotivation. Aufsteiger sind generell glückliche Menschen, sie werden zunehmend zufriedener, wenn ihr Handlungsfreiraum wächst. Das erreichen Aufsteiger auch. Das Bedürfnis, in der Arbeit auch etwas zu leisten, was Sinn und Spaß macht, nimmt immer mehr zu. Geben Sie dieser Gruppe die notwendigen Perspektiven, die es ihr erlauben, an das Vorankommen und an die Zukunft zu glauben.

Aufsteiger: Die Selbststarter

Selbststarter sind besondere Verkäufer, die in relativ kurzer Zeit verstanden haben, wie das Bearbeiten des Marktes funktioniert, wie die Kunden zu überzeugen und wie die ersten Erfolge machbar sind. Diese Selbststarter organisieren sich selbst, sammeln die notwendigen Daten und wenn sie sich nicht auskennen, dann fragen sie einfach an den geeigneten Stellen nach und leiten dann alle Schritte ein, um erfolgreich zu sein. Bei Selbststartern geht der Leistungstrend eindeutig nach oben. Die Selbststarter durchlaufen die fünf Aufsteigertypen in einem Durchgang, und eine Vielzahl der heutigen Regenmacher waren in ihrem Aufstiegsverhalten Selbststarter. Die Selbstmotivation bei Selbststartern ist ausgesprochen hoch. Der Selbststarter ist ein Verkäufertyp, der alle Typen im Aufsteigermilieu – vom Einsteiger bis zum Regenmacher – ohne Abweichungen durchschreitet. Von den Verkaufsleitern wird er als Verkäufer mit dem höchsten Potenzial beschrieben. In der Regel ist der Selbststarter ein Verkäufer, der bereits einige Zeit im Verkauf gearbeitet hat und nun seine Stelle oder seine Position wechselt. Ein Verkaufsleiter beschreibt diesen Typus wie folgt: Nachdem er seinen Job als Verkäufer übernommen hat, kommt er sehr zeitig in der Früh ins Büro und sortiert alle Unterlagen, die er von seinem Vorgänger erhalten hat, und beschafft sich selbstständig, was ihm noch zum Arbeiten fehlt. So organisiert er sich rasch, ohne sich durch Unnützes aufzuhalten. Er ordnet und strukturiert Verkaufsakten und Daten von Kunden. Er kontaktiert umgehend die wichtigsten Kunden, stellt sich vor und vereinbart einen Termin. Er arbeitet kontinuierlich und versucht so viele Kontakte wie nur möglich bei den bekannten Kunden zu erhalten. Nach den ersten Kundengesprächen werden die Chancen auf Geschäftsmöglichkeiten geprüft und neue Termine mit den Kunden vereinbart. Wenn er nicht mehr weiter kommt oder wenn der Selbststarter Informationen benötigt, dann scheut er sich nicht, bei den richtigen Stellen die notwendigen Informationen zu erfragen. Gerüchte über schwierige Verkaufssituationen oder Aussagen wie »Das ist ein schwieriger Kunde!« kümmern ihn wenig, er macht sich stets ein eigenes Bild von der Situation und es gelingt ihm tatsächlich, Kunden, die schon lange nicht mehr gekauft haben, wieder zum Kaufen zu animieren. Durch die hohe Kontaktzahl generiert er immer mehr Geschäftsabschlüsse, sodass er in sehr kurzer Zeit die Durchschnittsergebnisse des Verkaufsteams erreicht hat. Die Frustrationstoleranz ist beim Selbststarter außergewöhnlich hoch. Er sieht grundsätzlich jeden neuen Kundenkontakt als seine große Chance, ein neues Geschäft aufzubauen.

Die große Gefahr bei Aufsteigern ist es, dass sie den Leistungspfad verlassen und absteigen. Diese Gefahr ist statistisch gesehen sehr hoch. So hat der durchschnittliche Verkäufer dreimal in seinem Verkäuferleben einen merkbaren oder sogar erheblichen Einbuch bei der Leistung. Das hängt mit bestimmten Lebensphasen, aber auch mit Ereignissen im Unternehmen zusammen.

Die häufigsten Ereignisse sind das Übergehen bei Personalentscheidungen, Veränderungen im Unternehmen, Provisionskürzungen und Veränderungen von Bonifikationen.

Steckbrief: ***Die Aufsteiger*** *(»Die Karrieremacher«)*

Einsteiger, Ehrgeiziger, Erfolgreicher, Leistungserbringer, Regenmacher, Primadonna und Wiederblüte

Stimmung

Aufbruchstimmung, Optimismus bei der Übernahme von Aufgaben, wollen vorankommen

Wünsche

Wollen etwas aus sich machen, wollen Helden sein

Orientierung

Haben hohe Ansprüche an sich selbst, können die Unternehmensziele voll unterstützen

Führungsansatz

Einen Hafen für Top-Leute schaffen, Sales Contests durchführen, Leistungssog durch Vorbildwirkung erzeugen. Gute Verkäufer halten und binden

Führungsinstrumente

Mentoring von jungen Aufsteigern

Führungsmaßnahmen bei Aufsteigern

Aufsteiger entwickeln

Jeder Verkaufsleiter muss sich die Frage stellen, wo es sinnvoll ist, Veränderungen einzuleiten. Außerdem muss er sich fragen, wo es im Sinne der Gesamtorganisation den größten Return seines eigenen Engagements gibt. Also in unserem Fall: Ist es besser, einen Absteiger mit sehr viel Aufwand zu betreuen, oder ist es besser, diesen Aufwand in einen Aufsteiger zu investieren? Die Aussage ist hier eindeutig: Es ist besser, die Aufsteiger zu entwickeln, als seine Energie in die Absteiger zu stecken. Die gute Nachricht ist: Die Führung von Ausseigern benötigt nur einen Bruchteil der Zeit im Vergleich zu den Absteigern und Beobachtern. Die wichtigste Frage ist: Was ist die nächste, vor allem passende Herausforderung und in welchem Zeitraum kann der Mitarbeiter diese bewältigen? Dabei ist sicherzustellen, dass die Bewältigung der Aufgaben auch für den Mitarbeiter möglich ist.

Sales Contest

Eine beliebte Methode, das Leistungsverhalten der Verkäufer in regelmäßigen Abständen zu überprüfen, ist die Durchführung von Wettbewerben. Dabei wird im Rahmen einer Aktion, die in einem bestimmten Zeitraum durchgeführt wird, das Leistungsverhalten während dieses Zeitraums gemessen und die Daten den Verkäufern in regelmäßigen Abständen übermittelt. So ein Sales Contest dauert oft nur einige Wochen, in denen bei allen oder nur bei ausgewählten Kunden ein bestimmtes Produkt oder eine bestimmte Dienstleistung angeboten wird. Oft wird diese Aktion neben dem Tagesgeschäft des Verkäufers durchgeführt und nur die Leistung innerhalb der Ausführung der Aktion gemessen. Vor allem in indirekten Vertriebsorganisationen erfreut sich diese Maßnahme großer Beliebtheit. Der Grund ist, dass es in indirekten Organisationen oft schwierig ist, die Leistung der Verkäufer zu messen. Durch den Contest lernt man das echte Leistungsverhalten kennen.

Die besten Verkäufer halten und binden

Aufsteiger sind nicht durch das Unternehmen selbst motiviert, sondern oft *trotz* des Unternehmens. Jedes Unternehmen lebt mit der Gefahr, gute Leute zu demotivieren. Die größte Gefahr bei besten Verkäufern ist es, sie zu verlieren und anschließend den Umsatz- und Ergebnisausfall mit zwei bis drei neuen Mitarbeitern ausgleichen zu müssen.

Daher haben einige Unternehmen Projekte am Laufen, die genau das verhindern. Die besten Verkäufer erhalten dabei finanzielle Zuwendungen, aber auch Anerkennung, Besserstellungen und Unterstützung im Unternehmen. Häufig wird dabei die Familie der besten Verkäufer miteinbezogen. Mitarbeiterbindungsprogramme können die Position des Verkäufers verbessern, zusätzliche finanzielle Anreize schaffen und für Unterstützung bei der Administration sorgen.

Ideal-Verkäuferprofile erstellen

Jeder Markt hat seine Eigenheiten und daher auch ein Idealbild von einem Verkäufer. Wer sich mit den Typen und Milieus beschäftigt, erhält in der Regel auch Informationen über das ideale Verkäuferprofil in seinem Produktmarkt. Wer den Werdegang seiner besten Verkäufer über einen längeren Zeitraum betrachtet, der wird erkennen, dass es neben Verhaltensweisen, die nur schwer auf andere Verkäufer übertragbar sind, auch einige Verhaltensweisen gibt, die es erlauben, Rückschlüsse auf den idealen Verkäufer zu ziehen.

Ein Beispiel wäre, dass ein Unternehmen erkennt, dass alle guten Verkäufer in Unternehmen zuerst als Servicetechniker gearbeitet haben, bevor sie anschließend Verkäufer wurden. Im Service ist ihre hohe Kommunikationsfähigkeit aufgefallen und als ein Job im Verkauf frei war, haben sie sich beworben und sind danach in den Verkauf gewechselt. Branchenfremde Quereinsteiger und Nicht-Techniker gehörten in dem Unternehmen nur selten zu den besten Verkäufern. Mit diesem Wissen kann ein Profil erstellt werden, anhand dessen neue Verkäufer rekrutiert werden können.

Aufsteiger durch Aufsteiger betreuen

Wenn Aufsteiger mit Aufsteigern zusammen sind, dann entwickeln sie eine Aufstiegsmotivation. Werden Aufsteiger mit Absteigern zusammengebracht, dann ist die Gefahr der Leistungsverminderung groß. Wer die Gruppe der Aufsteiger als Gesamtes betrachtet, sollte immer bedenken, dass Aufsteigen »ansteckend« ist. Wenn Aufsteiger immer wieder mit Leuten aus den Aufsteigermilieus zusammen sind, dann wirkt sich das motivierend und unterstützend auf den Aufstieg aller aus. Wenn Aufsteiger jedoch mit vielen Absteigern zusammen sind, dann besteht die Gefahr einer Leistungsanpassung nach unten. Ein berühmter Spruch besagt: Nichts ist schlechter für den Erfolg von heute als der Erfolg von gestern. Um Aufsteiger zu fördern, wird gerne mit Mentoren gearbeitet. Sehr gute Mitarbeiter, die sich als Mentoren eignen, übernehmen die Mentorenschaft für junge Aufsteiger über eine gewisse Zeit. Sie sind dann quasi der gute Umgang für den neuen Mitarbeiter.

Führen von Absteigern

> Für jede gute Idee kennt der Absteiger mehrere gute Argumente, warum sie nicht funktioniert.

Wann ist man reif für die zweite Liga? Welche Spiele hat man verloren, um dorthin zu gelangen? Am häufigsten war es ein *Heimspiel*, das einen Abstieg auslöste. Schwierigkeiten mit dem Vorgesetzten, mit dem Controlling, dem Marketing oder bei einer Umorganisation. In zweiter Linie war es ein *Auswärtsspiel* wie Schwierigkeiten und Veränderungen in der Familie, in Beziehungen, Krankheiten und dergleichen. Es war auf jeden Fall ein ganz besonderes Ereignis, das einen bisherigen Aufsteiger und Leistungsträger zum Absteiger macht. Dieses Ereignis kennt jeder Absteiger ganz genau. Und diese Ereignisse verbinden auch Verkäufer untereinander. Es kann ein ganz banales Ereignis gewesen sein: Schwierigkeiten mit einer Reiseabrechnung oder organisatorische Veränderungen wie eine

Gebietsharmonisierung. Es kann aber auch eine dramatisch einschneidende Veränderung wie eine Provisionskürzung gewesen sein. Das Ereignis kann auch von außerhalb, also etwa aus der Privatsphäre des Verkäufers, stammen. Es ist sicher nicht die Folgenschwere des Ereignisses an sich, die diesen Prozess auslöst, sondern es ist die eigene Interpretation, die der Verkäufer von dem Ereignis hat. Häufig geht es nur um gekränkte Eitelkeiten, und wenn mehrere Verkäufer davon betroffen sind, solidarisieren sie sich gegen den Verkaufsleiter und das Unternehmen. Dieses spezielle Ereignis ist dann der Auslöser eines veränderten Leistungsverhaltens.

Die zweite Liga benötigt wieder eine Chance für einen Aufstieg. Dabei ist Folgendes zu beachten:

- *Erstens:* Beim Führen von Absteigern ist es wichtig, die Sorgen und Störungen ernst zu nehmen. Den ersten Kontakt mit Absteigern hat die Führungskraft dann, wenn sie in der Führungsarbeit mit Störungen konfrontiert ist. Diese Störungen kommen meist aus der Sorge der Mitarbeiter bei Veränderungen wie zum Beispiel der Einführung eines neues Provisionssystems, einer neuen Gebietsverteilung unter den Verkäufern, bei einer Kampagne zum Akquirieren neuer Kunden, bei Veränderungen von Prozessen, bei der Einführung neuer Regeln im Umgang mit dem Innendienst und dergleichen mehr. Diese Veränderungen bereiten den Absteigern Sorgen und veranlassen sie dazu, einmal loyal zu stören. Sie stehen hinter dem Unternehmen, doch einige Themen gefallen ihnen nicht – und das wird artikuliert. Daher ist es wichtig, die Aufmerksamkeit der Gruppe ständig zu lenken und die immer wieder berechtigten Bedenken auszuräumen. Machen Sie der Gruppe klar, dass es immer Veränderungen geben wird und dass sie sich damit arrangieren müssen. Kümmern Sie sich sofort um diese loyalen Sorgen und Bedenken.
- *Zweitens:* Die Schnittstellen zu den anderen Unternehmensbereichen sind so zu gestalten, dass Absteiger nicht von anderen Abteilungen produziert werden. Lassen Sie gewisse Informationen nur über Ihren Schreibtisch gehen. Das Verhindern ungewollter Informationsflüsse

oder die Filterung von umsatzneutralen Neuigkeiten bei einigen Kommunikationsschnittstellen wirken da oft Wunder.

- *Drittens:* Die Führungskraft darf bei einem groben Leistungseinbruch nicht bloß zuschauen. Das betrifft vor allem den Leistungsverweigerer unter den Absteigern. Hier sind oft rasche Konsequenzen notwendig. Konfrontieren Sie alle Absteiger mit der Abstiegssituation und fragen Sie nach, was Sie tun können, um aus dieser Situation wieder zu entkommen.
- *Viertens:* Die Führungskraft muss einen Impuls geben. Der Gruppe muss klar sein, dass das Absteigen der falsche Weg ist. Eine Führungskraft kann den Eigenantrieb fördern. Was Aufsteiger von den Absteigern unterscheidet, ist, dass ein gewisser Eigenantrieb verlorengegangen ist. Man versucht nicht mehr, aus eigenem Antrieb eine Aufgabe zu lösen, sondern erwartet einen Ansporn von außen. Warum soll ich mich anstrengen, wenn ich nicht mehr dafür bekomme? Wichtig für eine Führungskraft ist es, diesen Eigenantrieb bei der Gruppe wieder zu fördern. Vor allem bei Optimierten und Rosinenpickern ist das möglich.

Absteiger: Willy Loman

Der weltweit berühmteste Versager in einer Leistungsgesellschaft ist Willy Loman. Schon sein Name ist nicht zufällig gewählt – low bedeutet niedrig. Die goldenen Zeiten von Willy Loman waren vorbei. Der Misserfolg zieht über lange Zeit seine Bahnen und Willy begibt sich in eine Traumwelt, die mehr Schein als Sein ist. Sein Sohn Biff konfrontiert ihn mit der realen Situation und am Ende stirbt er bei einem Autounfall. In dem Buch *Tod eines Handlungsreisenden* wird der Verlierer und Absteiger Willy Loman weltberühmt. Doch er bleibt kein Einzelfall. Wer die Filme der letzten vierzig Jahre analysiert, in denen Verkäufer als Protagonisten vorkommen, wird erkennen, dass Willy Loman nicht der einzige Absteiger ist. Das Ungerechte an der Situation ist, dass Verkäufer in den letzten vierzig Jahren im Film entweder als Verlierer oder als korrupt dargestellt wurden. Welchen Grund hat das? Vielleicht ist der Abstieg die interessantere Story oder vielleicht ist das Absteigen in leistungsorientierten Berufen etwas Normales? Die Antwort könnte sein: Sie sind immer gut für eine Story. Wenn Leistung transparent ist, dann ist jeder Auf- und Abstieg sichtbar und damit für viele nachvollziehbar.

Grundsätzlich sind die Absteiger so definiert, dass in der Gruppe Verkäufer sind, die es bereits geschafft hatten, eine Zeitlang zu den besten Verkäufern zu gehören, und die nach einem bestimmten Ereignis beginnen, ihre Leistung zu reduzieren.

Steckbrief: ***Die Absteiger*** *(»Die Leistungsvermeider«)*

Rosinenpicker, Optimierter, Aussteiger, Leistungsschwacher, Leistungsverweigerer, teilweise auch Diva

Stimmung

Gedrückt, verzweifelt, aber auch glücklich

Wünsche

Wollen etwas aus sich machen, wollen Helden sein

Orientierung

Haben die Orientierung im Unternehmen verloren. Haben die Aufmerksamkeit vom Unternehmen ins Private, in den Sport oder andere Bereiche verlegt

Führungsansatz

Standards setzen, Retten von Kunden und Märkten

Führungsinstrumente

Aufmerksamkeitslenkung und Bedeutungsperspektiven verschieben, Verabschiedungsgespräche führen

Ein weiteres Thema, das immer wieder vor allem im Zusammenhang mit den Absteigern auftritt, ist der Effekt, dass eine schlechte Leistung auch nur durch die bloße Wahrnehmung negativer Effekte beeinflusst wird. Wer also damit rechnet, als unterlegen zu gelten, bringt auch schlechtere Leistungen. Dieser »Stereotyp Thread« ist eine Falle für Führungskräfte. Was die Führungskraft machen kann, damit diese selbsterfüllenden Prophezeiungen nicht mehr auftreten, ist, das negativ anmutende Stereotyp mithilfe eines positiven Stereotyps zu verdrängen.

Sagen Sie als Führungskraft also nicht: »... du befindest dich jetzt im Bereich der leistungsschwachen Verkäufer; wenn du nicht bald was unternimmst, dann wird dir xy passieren ...«, sondern weisen Sie den leistungsschwachen Mitarbeiter auf seine Leistungen vor seinem Abstieg hin. Das könnte beispielweise wie folgt lauten: »... du hattest die letzen Jahre eine tolle Zeit und an diese wollen wir jetzt mit deinen Leistungen anknüpfen«.

Maßnahmen bei Absteigern

Standards setzen – ohne Standards keine Disziplin

Wer sich im Leistungsniveau verschlechtert, gibt dies in der Regel durch verschiedene Indikatoren bekannt. Gute Verkaufsleiter haben ein Frühwarnsystem, das es erlaubt, Absteiger zu erkennen und Maßnahmen zur Gegensteuerung zu ergreifen. Wenn jemand aber bereits einige Zeit leistungsschwach ist, dann ist es wichtig, Standards zu setzen. Ohne Standards keine Disziplin, lautet hier die Devise. Und Disziplin ist bei leistungsorientierten Jobs sehr wichtig. Am beliebtesten ist es, dass Verkaufsleiter Mindeststandards formulieren, die ein Mitarbeiter erfüllen muss.

Wenn bei einem Mitarbeiter die Kontaktrate von 15 Kunden pro Woche auf vier Kunden pro Woche gefallen ist, dann ist es wichtig, zu erklären, dass es einen Standard in der Betreuung von Kunden gibt – und dieser lautet, mindestens zehn Kunden pro Woche zu betreuen. Der erste wichtige Schritt bei Absteigern ist es, diese Leistungslücke zu schließen. Bestimmen Sie einige wenige, aber wichtige Standards in der Leistungserbringung.

Mitarbeiter zum Weggehen bewegen

In der Praxis brennt häufig die Frage unter den Nägeln, ob und wie lange leistungsschwache Mitarbeiter im Unternehmen arbeiten sollen oder ob es nicht doch besser wäre, den Mitarbeiter auszutauschen. Eine Versetzung oder eine Kündigung kann ich nur befürworten, wenn aufgrund des schlechten Leistungsverhaltens des Verkäufers andere Personen gekündigt werden müssen, weil zum Beispiel in Summe zu wenige Aufträge vorhanden sind. In limitierten Märkten ist das auch ein wichtiges Thema, wenn aufgrund einer leistungsschwachen Person dann Kunden vermehrt zum Wettbewerb abwandern und deren Rückholung nur mit hohem Aufwand möglich ist. Der dritte Grund für das Führen von Verabschiedungsgesprächen ist, dass Absteiger häufig das Leistungsniveau der gesamten Gruppe nach unten ziehen.

Retten von Kunden, Märkten und Projekten

Wenn Verkäufer mit dem Abstieg beginnen, ist es sinnvoll, Rettungsmaßnahmen einzuleiten. Diese Rettungsmaßnahmen beginnen bereits beim Rosinenpicker oder beim Optimierten, wo es vor allem darum geht, die nicht ausgeschöpften Potenziale zu sichern. Diese Maßnahmen sind bei den Leistungsschwachen oder den Leistungsverweigerern ganz besonders wichtig. Hier geht es nicht mehr alleine um das Potenzial, das verloren gehen kann. Es kann ein richtiger Schaden entstehen. Es ist eine vorrangige Aufgabe, die Kunden vor den Wettbewerbern zu schützen, denn ein leistungsschwacher Mitarbeiter ist das einfachste und auch leichteste Eintrittstor des Konkurrenten. Die Rettung von Projekten kann durch Entziehen der Projekte oder durch eine Parallelbetreuung auf eine gewisse Zeit erfolgen.

Die Aufmerksamkeitslenkung der Gruppe

Nicht jeder Mensch ist fähig, die Aufmerksamkeit auf die richtigen Dinge zu lenken. Die Führungskraft kann den Mitarbeitern aber zeigen, was in der jetzigen Situation das Richtige ist und den Nachdruck erhöhen, sich auch darauf zu konzentrieren. Die Bedeutungsperspektiven zu verändern, bedeutet, seine Aufmerksamkeit auf positive Erlebnisse zu lenken und schlechte Erlebnisse auszublenden. Dies ist eine der zentralen Ausbruchszenarien aus der Abstiegsspirale. Die Konzentration auf erfolgreiche Projekte, auf zufriedene Kunden, also auf die Sonnenseiten der Arbeit ist ein wichtiger Faktor für den Ausbruch aus der Abstiegsfalle. Hier gibt es drei Möglichkeiten: Erstens muss die Aufmerksamkeit auf die Supertargets gelenkt werden. Wer viele Kunden hat, wird darunter auch einige haben, bei denen er der Category Champion ist, also aus der Sicht des Kunden der beste Verkäufer. Diese Supertargets sind in der Bewältigung der Krise sehr wichtig. Sie geben einem das notwendige Selbstwertgefühl, um wieder aufsteigen zu können und leistungsfähig zu sein.

Zweites sind es neue Produkte, auf die man die Aufmerksamkeit lenken kann. Wer neue Produkte einführt, erlernt dadurch genau die Fähigkeiten, die notwendig sind, um aus der Abstiegsspirale auszubrechen. Es müssen neue Chancen gesucht und diese dann ausgewertet werden. Wenn das gelingt, dann findet auch ein Transfer der vorhandenen Fähigkeiten auf die neuen Märkte statt, was zum Ausbruch aus der Abstiegspirale führt. Auch das Denken in größeren Zusammenhängen kann eine Möglichkeit für einen Ausstieg sein.

Drittens ist eine neue Geschäftsentwicklung, also ein neues Produkt auf einem Testmarkt einzuführen oder neue Kunden zu akquirieren. Das ist eine der Maßnahmen, die helfen, den Fokus auf ein anderes Thema zu lenken.

Führen von Beobachtern

Wer persönlich wachsen will, soll Gelegenheiten suchen, in denen er erkennen kann, welche Leistungslücken er hat. Und wer Glück hat, findet eine Führungskraft, die sie ihm zeigt.

Was sagen Sie zu Arbeitsbienen, die überall herumschwirren, aber keinen Honig nach Hause bringen? Viele Verkäufer unter diesen Beobachtern weisen große Leistungslücken auf. Der Grund ist hier nicht die Aktivität oder das Engagement – denn das ist bei vielen Beobachtern außerordentlich hoch –, sondern die Kompetenz. Es herrscht vielfach ein Aktionismus unter den Beobachtern, der sich aber nicht in den Resultaten widerspiegelt. Daher ist es nur klar, dass hier zuerst einmal das richtige Verkaufsverhalten gelernt werden muss. Und das kann vieles sein. Die Palette reicht von klassischen verhaltensorientierten Themen wie der Abschlusstechnik bis hin zum Zeitmanagement, oder vom Prioritätsmanagement bis hin zum Kundenentwickeln. Da bei Beobachtern das Engagement vorhanden ist, ist vielfach auch die Bereitschaft da, neues Wissen aufzunehmen. Folglich ist der Wille bei den Beobachtern stärker als die Kompetenz entwickelt. Daher sind die Entwicklungen, die hier eingeleitet werden, um die Verkäufer zu unterstützen, hauptsächlich kompetenzorientiert. Der Grund liegt darin, dass die Verkäufer bereits ein hohes Aktivitätsniveau besitzen und es bei diesem Typen an der Qualität der Ausführung mangelt. So gibt es Mitarbeiter unter den Beobachtern, die aus Erfahrung lernen. Ein typisches Beispiel ist die »Ochsentour« bei einem Markteinstieg. Einige müssen unterstützt werden, andere lernen aus den von ihnen gemachten Fehlern und der Erfahrung selbst. Und einige müssen erfahren, dass sie sich auf gefährlichem Terrain bewegen, denn bei einigen Beobachtern kann, wenn sie nichts dazu lernen, die Gefahr eintreten, dass sie keine Kunden gewinnen und Kunden, die sie haben, verlieren. Das ist vor allem dann der Fall, wenn die Kunden durch Aktionitis vertrieben werden. Die Gefahr, dass Markt und Kunden verbrannt werden können, ist bei einigen Typen der Beobachter gegeben. Wenn eine Kompetenz seitens des Verkäufers nicht vorhanden ist und diese dem Kunden immer wieder vor Augen geführt wird, dann darf man sich nicht wundern, wenn die Kunden verlorengehen.

Ein wichtiger Parameter des Leistungsverhaltens von Beobachtern ist die Unterscheidung zwischen Aufwand und Leistung. Seit ewigen Zeiten beschäftigt Menschen dieses Thema und gerade beim Beobachter ist es wichtig, sich intensiv mit dem Thema auseinanderzusetzen. Wer arbeitet und etwas leistet, der gestaltet die Welt, hieß es schon früher. Schon seit der Frühzeit menschlicher Aufzeichnungen wurde die Arbeit zumindest von zwei Seiten betrachtet. Die eine Seite war die Mühe, die Arbeit macht, und die andere Seite waren die bleibenden Werte, die durch Arbeit entstehen. Griechen und Römer hatten für diesen Unterschied verschiedene Wörter und dieser Unterschied lebt bis heute in den englischen Wörtern »work« und »labour« weiter. Die Römer fügten den Begriffen noch eine Bewertung hinzu und unterscheiden zwischen unwürdiger, also notwendiger und meist vergänglicher Arbeit, und der würdigen Arbeit – das war die Arbeit des freien Mannes.[24]

Welcher Zusammenhang besteht heute zwischen dem Bemühen und der geschaffenen Leistung? Den Unterschied im Vertrieb und Verkauf machen die erzielten Resultate. Sie bestimmen, ob eine Arbeit erfolgreich ist und damit zur Leistung wird. Niemanden interessiert es letztlich, wie viel Sie gearbeitet haben, der Aufwand ist letztlich egal. Was uns am Ende des Tages interessiert, sind Ergebnisse und Resultate. Genau das ist auch der Unterschied in der Leistungspräferenz zwischen Beobachtern und den besten Verkäufern. Aufwand alleine ist zu wenig.

Qualifizierung und Kompetenzaufbau

Beobachter müssen lernen und sich qualifizieren. Ziel der Qualifizierungsmaßnahmen bei den Beobachtern ist die Wandlung schwacher oder nicht vorhandener Kompetenzen in eine Fähigkeit oder eine Stärke. Jeder Markt benötigt eine unterschiedliche Kombination von Kompetenzen und jeder Verkäufer hat unterschiedliche persönliche Stärken. Die Aufgabe der Führungskraft ist es nun, für das Entwickeln dieser Schlüsselkompetenzen zu sorgen. Welche Fähigkeiten sind zu wecken und zu fördern und welche sind unwesentlich zu machen? Die Begeisterung und der Einsatz für diese Veränderung nimmt jedoch mit zunehmenden Lebensjahren der Verkäufer ab. So berichten Führungskräfte, dass es für sie wesentlich leichter ist, junge Mitarbeiter als Beobachter zu führen als ältere. Vor allem bei den Aufwändigen wurde berichtet, dass kompliziert gelernte Arbeitsweisen zuerst einmal wieder verlernt werden müssen, ehe man bereit ist, Neues aufzunehmen. Generell sollte das Lernen von neuen Kompetenzen und Verhaltensweisen Spaß machen und am leichtesten geschieht das, wenn die Führungskraft vorhandene Potenziale bei den Verkäufern weckt, und das Verinnerlichen von Fertigkeiten dann zu einer Art Aufwachen wird.

Etwas, was nur bei Beobachtern gelingt, sind Selbsthilfegruppen, die wie kleine, sich gegenseitig helfende Weiterbildungsgruppen fungieren. Vor allem bei Produktkenntnissen und Verfahrens-Know-how wie Projektierung und Angebotswesen können sich Betroffene erfolgreich durch Erfahrungsaustausch unterstützen.

Beobachter: Hans Fleißig

Hans Fleißig ist ein Fensterverkäufer, er ist hoch aktiv und er versteht, dem Kunden jeden Wunsch von den Augen abzulesen. Er ergreift sofort Maßnahmen, um den Kunden glücklich zu machen und zufrieden zu stellen.

Eines Tages ruft einer seiner Kunden an und beklagt sich, dass Fliegen durch ein Kellerfenster in das Haus gelangen. Hans Fleißig sieht dies als Chance und vereinbart sofort einen Termin mit dem Kunden. Der Kunde ist überrascht und positiv angetan, da sich ein Verkäufer so um ihn bemüht, und zeigt Hans Fleißig die Stelle im Keller, an der die Fliegen in das Haus gelangen. Hans Fleißig vermisst die Dimensionen des Kellerfensters und verspricht eine rasche Bearbeitung. Im Unternehmen angekommen, spaziert er in die Produktion, um das Fenster produzieren zu lassen. Die Vorarbeiter sagen ihm, sie hätten derzeit Wichtigeres zu tun, als ein einziges Kellerfenster zu produzieren. Es rentiert sich nicht, die Maschinen für so einen kleinen Auftrag umzurüsten. Schließlich erbarmt sich einer der Arbeiter, sägt die Profile zusammen und stellt das Fenster in Handarbeit her. Der Auftrag war zu klein und unrentabel, um einen Montagetrupp auf die Baustelle zu senden, um das Fenster zu montieren. Also blieb Hans Fleißig nichts anderes übrig, als erneut auf die Baustelle zu fahren und das Fenster auch noch zu montieren. Der Kunde war total begeistert von der Betreuung und dem Engagement des unermüdlichen Hans Fleißig.

Steckbrief:* Die Beobachter *(»Die Zaungäste«)

Kaltstarter, Kontakter, Auwändiger, Stabiler, Kümmerer

Stimmung

Engagiert, bemüht

Wünsche

Wollen gefallen, helfen, alles wissen oder genau sein

Orientierung

Sind an vielen Dingen orientiert, die das Verkaufen behindern. Hohe Gefallsucht und Wunsch nach Aufmerksamkeit, zu hohe Detailorientierung oder helfende Absichten

Führungsansatz

Qualifizierungsmaßnahmen, Kompetenzstandards des Verkaufs einführen, zur Überprüfung Schatten- und Parallelbesuche einsetzen

Führungsinstrumente

Gemeinsame Kompetenzstandards, Qualifizierungen

Die Beobachter benötigen eine Führungskraft und wollen diese am stärksten spüren. Sie können dabei nie genug von ihr bekommen. Das ist eine gute Voraussetzung für Führung, aber der Nachteil dabei ist, dass sie kompliziert zu führen sind. Vor allem die Aufwändigen und die Kümmerer neigen dazu, viel Zeit mit der Führungskraft zu verbringen.

Maßnahmen

Kompetenzstandards einführen

Wer sich sehr stark engagiert und dabei wenig Erfolge erzielt, wird früher oder später frustriert sein. Hier ist eine Kompetenzentwicklung von Nöten. Dabei sollen Mindeststandards festgelegt werden, um Klarheit zu bekommen, welche Kompetenzen sinnvoll sind. Zusätzlich sind verhaltensorientierte Grundregeln bei den Absteigern festzulegen.

Zeit- und Aufwandsmanagement

Beim Zeit- und Aufwandsmanagement werden die wichtigsten Bereiche des Verkäuferlebens in Zeit- und Aufwandsscheiben definiert, um eine Richtgröße für die Kontrolle zu haben. Am beliebtesten sind hier die Analyse der Kundenbesuchszeiten und der erwarteten Ergebnisse.

Trefferquotenmanagement

Wer in den Lernmilieus ist, hat ein Problem: Er ist engagiert, aber die Erfolge fehlen. Die Konversionsrate zwischen den Kontakten und den Aufträgen oder dem Erfolg fehlt. Eine Reihe von Vorgaben wie die Konzentration auf Aufgaben mit hoher Trefferquote kann dem Verkäufer helfen, seine Ziele zu erreichen.

Parallel- und Schattenbetreuung organisieren

Wer seine Trefferquoten verbessern will, benötigt Anregungen. Oder er braucht einen Coach, der das Verhalten des Verkäufers beobachtet und Tipps gibt, was zu verbessern ist. Diese Maßnahme dient dazu, eine Orientierungshilfe für das eigene Verhalten zu erhalten.

Seminare und Trainings für Verkäufer veranstalten

Eine dankbare Methode zur Ausbildung von Beobachtern sind Seminare und Trainings. Dankbar deshalb, weil Sie im Anschluss an das Seminar genau beobachten können, was diese Ausbildung bewirkt.

Kapitel 12

Die Führungsansätze

Das Führen von Verkäufern passiert in einem Untenehmen immer auf mehreren Ebenen. Die erste Ebene ist die Ebene des gesamten Unternehmens, auf der die Verkäufer durch die Wertvorstellungen des Unternehmens meist indirekt geführt werden. Die zweite Ebene ist die Ebene der Verkaufsabteilung, auf der Verkäufer als soziale Einheit in der Gruppe von der Verkaufsleitung geführt werden. Die dritte Ebene ist die persönliche Ebene. Sie ist die individuellste Form der Führung. Wir haben die Führung der Typen und die Führung der Leistungsgruppen und der Milieus bereits behandelt und wenden uns jetzt der Verkaufskultur, den Werkzeugen und der Umsetzung im Unternehmen zu.

Verkaufskultur ist Leistungskultur

Führung über eine Verkaufskultur ist die allgemeinste Form von Führung, die ich in dem Buch behandle. Das Leistungsverhalten von Verkäufern ist grundsätzlich nicht ausschließlich individuell bestimmt, sondern entsteht aus einer Mischung aus Anspruch, Erwartung, Motivation und Druck, einen bestimmten Output zu erbringen. Dieses Leistungsverhalten hängt auch von der Leistungskultur des Unternehmens ab. So kann ein Verkäufer in der einen Kultur hochleistungsfähig sein, in einer anderen hingegen versagen. Das passiert häufig beim Wechsel des Unternehmens oder auch beim Wechsel in eine andere Vertriebsform.

Grundsätzlich wird das Thema Verkaufskultur in vielen Vertrieben sehr ambivalent behandelt. Auf der einen Seite investiert das Unternehmen viel Geld, um eine Unternehmenskultur aufzubauen, und diese steht dann oft unserer Forderung nach einer eigenen Verkaufskultur diametral entgegen. Das muss natürlich nicht so sein, die Verkaufskultur kann sich auch mit der Unternehmenskultur decken, aber in mehr als 90 Prozent der Fälle ist eine Unternehmenskultur mit der Verkaufskultur nicht kompatibel. Und so stehen viele Verkaufsleiter vor dem großen Dilemma: Wie kann ich neben der Unternehmenskultur eine eigenständige Verkaufskultur aufbauen? Das ist ein ganz zentrales Thema in vielen Vertrieben.

Wenn wir hier von Verkaufskultur sprechen, betrifft das den Vertrieb als Gesamtes, also alle Typen, alle Gruppen und alle Milieus. Wie erkennt man eine Kultur? Die Kultur einer Vertriebsmannschaft erkennt man meist an kleinen Dingen im Vertriebsalltag. Verkaufsleiter berichten, woran sie erkennen, wenn etwas mit der Verkaufskultur nicht stimmt: »Die Verkäufer werden harmlos!« Was bedeutet das? Nun, die Preise verfallen. Die Marktanteile werden einem weggenommen, der Neukundenanteil sinkt. Ein anderer hat es einmal so formuliert: »Verkäufer bewegen sich langsamer, die Art wie sie sich bewegen, ist gelassener und ruhiger«. Ein anderer sagt: »Sie haben die Verhaltensweisen vom Innendienst übernommen. Sie sind bereits so gekleidet wie die Mitarbeiter in der Zentrale«, oder »Man sieht sie häufiger in der Kantine, sie verbringen mehr Zeit im Unternehmen«. Die Verkaufskultur ist eine Leistungskultur und diese spiegelt sich in den kleinen Dingen des Verkäuferalltags wider.

Wenn heute von Leistung gesprochen wird, dann häufig von Leistungsbereitschaft, Leistungsbeurteilung, Leistungsdruck, Leistungsverweigerung und Leistungsfähigkeit, aber nur selten wird eine *Kultur der Leistung* erwähnt. Doch gerade diese ist einer der dominanten, wenn nicht der wesentlichste Einflussfaktor im Vertrieb. Der Grund ist folgender: Besondere und herausragende Leistungen führen im Vertrieb zu weit höheren Ergebnissen als in anderen Unternehmensbereichen. Vergleicht man unterschiedliche Berufsgruppen und analysiert jeweils die Abweichung der Durchschnittsleistung von Mitarbeitern mit der Spitzenleistung, erkennt man, dass es im Vertrieb die höchsten Abweichungen zwischen Durchschnitts- und Spitzenleistung gibt. So erreichen gute Verkäufer im Vertrieb höhere Ergebnisse als der Durchschnitt ihrer Kollegen in anderen Bereichen.

Die Frage, was eine gute und was eine behindernde Kultur ist, ist nicht leicht zu beantworten. Und dennoch ist es im Vertrieb wahrscheinlich klarer ersichtlich, was Leistung unterstützt und was Leistung behindert, als in anderen Bereichen. Durch die Kultur wird die persönliche Arbeitsleistung stark beeinflusst. Daher ist es naheliegend, zu analysieren, unter welchen Voraussetzungen und in welchem Umfeld – also in welcher Kultur – die Arbeitsleistung entsteht. Jedes Unternehmen hat eine dominante Kultur, aber nicht jede Kultur unterstützt Leistung oder führt zu Ergebnissen und ist damit eine Leistungskultur. Leistungskultur ist auch nicht immer sinnvoll.[25]

In vielen Abteilungen des Unternehmens ist eine Kontinuitäts-, Abwicklungs- oder eine Qualitätskultur optimal. So ist zum Beispiel das Eingehen von Risiken in einer Buchhaltungsabteilung keine Option. Auch in der Produktion ist eine Qualitätskultur wichtig, während es im Vertrieb wichtiger ist, zuerst aktiv zu sein, damit die Chancen steigen. Deutlich wird das im Zusammenspiel zwischen Innen- und Außendienst. Der Innendienst muss serviceorientiert und exakt arbeiten, während der Außendienst Vertrauen zu Stammkunden aufbaut und neue Kunden akquiriert.

Neben der Besonderheit der Dominanz von Leistung ist aber auch der Einfluss externer Faktoren wie Technologie und Prozesse wichtig. Auch hier ist der Vertrieb anders. So hat zum Beispiel die Einführung von Technologie im Vertrieb einen anderen Impact als in der Produktion. »Von all den Möglichkeiten, die einem Unternehmen zur Verfügung stehen, um etwas am Markt zu verändern, können durch neue Technologien 10 Prozent, durch neue Prozesse 20 Prozent, aber durch eine neue Vertriebskultur 70 Prozent an Veränderung herbeigeführt werden.«[26] Diese Aussage ist kühn, spiegelt aber die Meinung vieler Verkäufer und Verkaufsmanager wider. Denn solange Technologie sich nicht alleine verkaufen kann, wird der Einfluss der Kultur wesentlich sein. Die Vertriebskultur regelt die Einstellung zur Leistung und das Miteinander aller Beteiligten im Vertrieb. Jedes Unternehmen hat seine eigene Unternehmenskultur, aber auch seine eigene Vertriebskultur. Generell ist zu klären, ob die allgemeine Firmenkultur mit der Kultur im Vertrieb zusammenpasst, sie einander in ihrer Wirkung ergänzen oder gegenseitig stärken, abschwächen oder verringern.

Was passiert, wenn eine leistungsorientierte Kultur im Verkauf mit einer qualitätsorientierten Abwicklungskultur in der Produktion oder der Administration zusammenprallt? Was passiert, wenn Verkäufertypen auf »Buchhaltertypen« stoßen? Ergänzen, verstärken oder stören sie sich? Eines der interessantesten Phänomene, das bei einem Zusammentreffen von Kulturen analysiert werden kann, ist das *Verändern* von Werten in den beiden Kulturen. Leistungsorientierte Kulturen nivellieren sich dabei in der Regel nach *unten*, das Leistungsniveau und damit der Durchschnittswert der Arbeitsleistung sinken. Wieso passiert das? Gibt es so etwas wie eine »kulturelle Schwerkraft«, die leistungshemmend wirkt? Wenn zwei Kulturen mit unterschiedlichen Leistungsniveaus zusammentreffen, entsteht eine Dynamik, die in der Regel leistungsfeindlich ist. Ein Beispiel: Bei einem Zusammenschluss zweier Unternehmen wurde auch der Vertrieb zusammengelegt. Das Leistungsniveau der Unternehmen im Vertrieb war unterschiedlich und nach der Zusammenlegung hatte das vertrieblich leistungsstärkere Unternehmen das eigene Niveau auf das Niveau des leistungsschwächeren gesenkt. Aus Vertriebssicht ist es ein Problem, wenn das Leistungsniveau sinkt.

Wenn Leistungskultur zu einer Leitkultur im Vertrieb werden soll, sind einige Themen zu beachten. *Es sind folgende* Voraussetzungen zu klären: Als *erstes* ist Transparenz von Leistung und Ergebnissen im Unternehmen wichtig. Gerechtigkeit ist der *zweite* Eckpfeiler einer Leistungskultur im Unternehmen. Aufstieg und Belohnung sollen nicht von Zufall, Herkunft oder persönlicher Beziehung abhängen, sondern von dem, was jeder Einzelne leistet und in das Unternehmen einzubringen bereit ist. Daher ist eine weitere Voraussetzung, eine Klarheit darüber zu haben, was der Einzelne leistet. Drittens: Leistung muss sich auch lohnen, das ist die Grundforderung für eine Karriere im Vertrieb. Jeder Mensch soll die Chance haben, zu zeigen, was in ihm steckt, und soll in seiner Leistungsentfaltung unterstützt werden. Und viertens: Leistungskultur ist ein ständiger Kampf gegen Bequemlichkeit. Das ist vor allem eine sensible Führungsaufgabe und muss laufend überwacht werden. Leistungskultur ist dabei kein Werkzeug oder eine Methode, sondern entsteht im Kopf. Daher sind Vorbildwirkung der Führungskraft und laufende Überzeugungsarbeit notwendig. Aber die Entwicklung einer Leistungskultur ist nicht überall sinnvoll einsetzbar, sie ist zeitweise auch hinderlich und kontraproduktiv, wie häufig im Innendienst und in der Abwicklung von immer gleichen Prozessen und Abläufen.

Der häufig verwendete Kritikpunkt an zu hohen Leistungsvorgaben ist, dass sie zu Sinnverlust wie zu Infragestellen der Bedeutung der Arbeit oder zu emotionaler Erschöpfung führen. Diese Themen haben wenig mit einer Leistungskultur zu tun und sind in anderen Leitkulturen ebenso zu finden wie in einer ausgesprochenen Leistungskultur im Vertrieb.

Ein Weg, die unterschiedlichen kulturellen Ansprüche zu meistern, ist das Gewähren von *kultureller Vielfalt* im Unternehmen. Jede Abteilung soll die Subkultur ausüben können, die sie erfolgreich macht. Je stärker sich eine Kultur entfalten kann, umso besser kann sie ihre Vorzüge ausleben. Die Führungskraft hat die Aufgabe, als Schnittstelle zwischen gegensätzlichen Kulturen zu fungieren. Grundsätzlich kommt es immer wieder zu Problemen, wenn abwicklungsorientierte Kulturen mit einer ausgesprochenen Vertriebskultur zusammentreffen. Das Wichtige, was ich den Verkaufsleitern sagen will, ist: Wenn es mit der Firmenkultur nicht passt, dann schaffen Sie sich eine eigene »Mikro-Kultur« im Vertrieb!

Viele Verkaufsleiter führen gemischte Teams. Viele Führungskräfte klagen über den Zustand, dass sie auf der einen Seite eine leistungsorientierte Organisation wie zum Beispiel einen Außendienst, der auf Provision arbeitet, haben und auf der anderen Seite eine auf Präzision und Abwicklung ausgerichtete Innendienstorganisation. Die Frage ist, wie die eine Seite auf Maßnahmen der anderen Seite reagiert. Dieses Dilemma in der Führung gibt es tatsächlich, da man als Führungskraft gezwungen ist, zwei unterschiedliche Führungsansätze einzusetzen. Vor allem das Thema Freiheitsgrade in der Führung wird immer wieder heiß diskutiert. Entlässt man einige Mitarbeiter in der leistungsorientierten Organisation aus der Führung, dann kann dies zu Unmut bei den anderen Kollegen zum Beispiel im Innendienst führen. Diesem Thema sollte man sich offen stellen.

Wer Verkäufer zum Beispiel als Verkaufsleiter oder als Geschäftsführer führt, dem soll bewusst sein, dass ein aktives Führen von Verkäufern immer auch von der Verkaufskultur abhängt. Hier ist es wichtig, bestimmte Rituale einzuführen, die eine Leistungskultur unterstützen. Wie kann eine Führungskraft für eine schlagkräftige Vertriebskultur sorgen? Der Schwerpunkt liegt hier auf Meetings und bei Tagungen und natürlich auch bei Ritualen und dem generellen Vertriebsklima.

Maßnahmen

Inszenieren

Ihre Veranstaltungen sollen die Verkäufer begeistern und keine Pflichtübungen sein und sollen schon gar nicht langweilen. Jede Veranstaltung stiehlt dem Verkäufer wertvolle Zeit, die er auch beim Kunden verbringen könnte. Daher sollen Veranstaltungen straff organisiert, eher kurz, effektiv und interessant sein. Und für die Führungskraft ist es besonders wichtig, kulturelle Werte zu übermitteln. Was sind die Grundlagen einer gelungenen Veranstaltung? Was soll auf den Veranstaltungen präsentiert werden und wie? Hier sind Emotionen zu erzeugen und der Vertrieb ist bei jeder Veranstaltung strategisch und operativ auszurichten. Wer wird wie gelobt und welche Highlights werden präsentiert?

Auch der Ort des Meetings ist wichtig. Wo findet das Meeting statt – in der Zentrale des Unternehmens oder im Feld, wo die Mitarbeiter aus dem Unternehmen gebeten werden, zum Vertrieb zu kommen? Viele Verkaufsleiter sind der Ansicht, dass es immer besser ist, die Meetings außerhalb des Unternehmens durchzuführen.

Meetings haben auch die Funktion der Kontaktpflege und des sozialen Austausches. Und sie sind häufig die einzige Form des Kontaktes, den Mitarbeiter im Vertrieb mit dem Unternehmen haben. Daher ist es wichtig, aus jeder Zusammenkunft ein kleines Event für die Verkäufer zu machen. Denken Sie auch an das geeignete Rahmenprogramm, vor allem bei größeren Veranstaltungen. Für den Verkäufer soll jede Veranstaltung unvergesslich sein und er sollte genügend Zeit haben, sich auch sozial auszutauschen.

Vertriebsorientierte Unternehmen zeichnen nach Ergebnisbeitrag und/oder Zielerreichung aus, beispielsweise den besten Umsatz, die höchsten

Durchschnittspreise, das beste Sortiment. Hier ist wichtig, zu klären, wer und welcher Erfolg auf den Tagungen ausgezeichnet werden.

Wenn Sie einen Gruppenführungsprozess jährlich einmal durchführen wollen, dann ist es auch ratsam, ein zentrales Thema – eine Art Motto – für das Jahr zu haben. Am besten wäre es, das Motto für die gesamte Jahresplanung einzusetzen. Typische Beispiele sind: »Offensiv im nächsten Jahr«, »Das Jahr des Kunden«, »Vertrauen gewinnt«, »Der Kunde im Mittelpunkt«, »Der Verkäufer als strategischer Berater« und so weiter. Hier ist es wichtig, wie bei allen Themen der Gruppenführung auf die richtige Inszenierung der Themen zu achten.

Rituale pflegen

Das Pflegen fester Rituale verfestigt jede Verkaufskultur. Dazu gehört das Management aller Veranstaltungen, die im Vertrieb notwendig sind. Zum Beispiel: Einmal pro Monat, am ersten Freitagnachmittag, ist eine Vertriebsbesprechung durchführen. Weitere Beispiele für feste Rituale sind jährlich arrangierte gemeinsame Reisen der Verkäufer. Damit wird Vertrauen in die Vertriebsorganisation aufgebaut. Aber auch die Regelung von Handlungsabläufen auf Meetings ist wichtig. Dabei gehören unbedingt das Feiern von Geburtstagen, das Verlautbaren von Geschäftserfolgen wie zum Beispiel bei erhaltenen Aufträgen beziehungsweise bei erfolgreichen Geschäften, dazu. Die Regeln für den Umgang mit Erfolgen sind zu verlautbaren. Wird beim Erhalt eines größeren Auftrages gefeiert? Wird der Mitarbeiter in der Betriebszeitung erwähnt? Solche oder ähnliche Rituale sind wichtig in Vertriebsorganisationen, da sie sichtbare Zeichen für den Umgang mit dem Erfolg sind.

Solche Zeremonien sind im auch Vertrieb wichtig, um das Band vor allem zwischen den Verkäufern und dem Unternehmen zu festigen. Und das ist im Außendienst viel bedeutender als bei Mitarbeitern, die stationär verkaufen. Zeremonien sind auch ideal, um Wendepunkte im Leben eines Verkäufers zu markieren, wie zum Beispiel die Aufnahme in den Club der besten Verkäufer oder der Übergang von der Einarbeitung in die volle Leistungsverantwortung.

Die Führungsinstrumente

Grundsätzlich kann man Führungsinstrumente im Vertrieb nach verschiedenen Gesichtspunkten sortieren. Die erste Gruppierung ist die Unterscheidung von Instrumenten, die eine Auswirkung auf die Aktivität haben, und jene Werkzeuge, welche die Qualität von Verkäufern verbessern. Eine weitere Aufteilung ist, die Instrumente nach den Leistungsgruppen zu strukturieren. Die letzte Aufteilung ist die nach Milieus und Kultur.

Den Einsatz der Instrumente muss eine Führungskraft erlernen. Wer den Einsatz dieser Instrumente beherrschen will, muss üben, üben, üben. Ich empfehle, die Instrumente bei einigen Typen auszuprobieren und dann zu sehen, wie sich die Leistungspräferenzen verändern. Danach kann man gegebenenfalls nachjustieren.

Instrumente sind Hilfsmittel für die sichere und systematische Führung von Verkäufern. Sie sind die Methoden, die eine Führungskraft einsetzt, um Führung erst zu ermöglichen. Sie sind das methodische Rüstzeug des Verkaufsleiters. Der Einsatz der Instrumente ist stark von der Frage abhängig, welcher Typ der Verkäufer ist beziehungsweise welchem Milieu er angehört. Es wird nur ein Überblick über die Werkzeuge gegeben. Ich empfehle hier die Beherrschung einer Auswahl von Instrumenten, um Typen, Gruppen und Milieus führen zu können.

Typen

Nachdem Sie Typen identifiziert haben, werden Führungsinstrumente eingesetzt, um das Leistungsverhalten der Verkäufer zu verändern. Konzentrieren Sie sich immer auf einige wenige Verkäufer, die Sie entwickeln wollen, und setzen Sie die Werkzeuge dann mit entsprechender Konsequenz ein. Beobachten Sie die Wirkung beim Verkäufer: Ändert er seine Leistungspräferenz oder müssen Sie noch einen Anlauf starten? Besprechen Sie den Einsatz der Werkzeuge mit dem Verkäufer und klären Sie die Spielregeln.

Tabelle 2: Instrumente der Verkäufertypenführung

Milieus	Typen		Führungsinstrumente
Aufsteiger	1.	Der Einsteiger	Enge Führung
	2.	Der Ehrgeizige	Performance Coaching
	3.	Der Erfolgreiche	Entlasten
	4.	Der Leistungserbringer	Entlasten, mehr Freiheiten gewähren
	5.	Der Regenmacher	Aus der Führung entlassen
Absteiger	6.	Der Rosinenpicker	Gebiets- und Kundenmanagement
	7.	Der Optimierte	Business Development
	8.	Der Aussteiger	Neue Ziele, neue Motivation, Gebiets- und Kundenvariationen, Wildkatzen einsetzen Unbetreute Kunden anders betreuen
	9.	Der Leistungsschwache	Retrograde Zielvereinbarungen Trivial Controlling
	10.	Der Leistungsverweigerer	Selektive Strategien, Verabschiedungs-strategien
Beobachter	11.	Der Kaltstarter	Den Kompetenz-Marktzugang vereinbaren
	12.	Der Kontakter	Partielle Kundenzuordnung
	13.	Der Aufwändige	Aufwands- und Zeitmanagement
	14.	Der Stabile	Leistungskultur verändern
	15.	Der Kümmerer	Prioritätsmanagement: mit weniger Arbeit die gleichen Ergebnisse erreichen
Subtypen	16.	Die Primadonna	Integrationsstrategien
	17.	Die Diva	Abgrenzen
	18.	Der Schönwetterverkäufer	Verbindlichkeitsstrategien, die Kunden in den Griff bekommen
	19.	Der Blender	Minimalstandards
	20.	Die Wiederblüte	Freiheitsgrade mit dem Erfolg erhöhen

Gruppen

Die Instrumente der Gruppenführung sind zusammengefasst gruppendynamische Prozesse, die die Leistungen der Kleingruppe verändern sollen. Diese Instrumente beinhalten ein Bündel von Maßnahmen, die dazu führen, einen Leistungstrend zu erzeugen. Diese Instrumente werden in Tagungen, Veranstaltungen und in Seminaren eingesetzt.

Gruppenführung bei Leistungsgruppen

Tabelle 3: Instrumente der Gruppenführung von Leistungsgruppen

Gruppenführung	Instrumente
Leistungsschwache Verkäufer	An die Durchschnittsproduktivität der Gruppe führen
Durchschnittsverkäufer	Leistungssprünge
Die besten Verkäufer	Wertschätzung und Anerkennung

Milieus

Stimmung und Qualifizierung sind die wichtigsten Ergebnisse, die mithilfe von Instrumenten erzeugt werden sollen. Milieus zu führen, ist die subtilste Art der Führung. Und genauso sind auch die Instrumente, die zum Einsatz kommen.

Gruppenführung der Milieus

Der Einsatz der Instrumente soll nicht zur Instrumentenschlacht verkommen. Viele der Instrumente wirken nicht beim ersten Einsatz, sie müssen vielmehr nachhaltig eingesetzt werden. Daher empfehle ich eine Konzentration auf wenige. Wenn Sie zu viele Strategien auf einmal einsetzen, dann ist die Gefahr der Verwirrung sehr groß.

Tabelle 4: Instrumente der Gruppenführung von Milieus

Gruppenführung	Instrumente
Aufsteiger	Mentorenschaft
Absteiger	Aufmerksamkeitslenkung
Beobachter	Qualifizierungsmaßnahmen, Schulungen

Die Führungswerkzeuge

Wenn Sie beim Lesen dieses Buches ein Thema oder einen Ansatz gleich umsetzen können, dann zögern Sie nicht, diesen aufzugreifen. Umsetzen bedeutet auch, einen Veränderungsprozess in Gang zu setzen, und dabei müssen Sie in irgendeiner Form mit den Mitarbeitern kommunizieren. Die Führungswerkzeuge beschreiben, über welche Kanäle diese Kommunikation erfolgen kann, also das *Wie* der Führungsarbeit. Der größte Teil der Arbeitszeit eines Verkaufsleiters sollte für die Führung der Mitarbeiter vorgesehen sein. Das Betreuen der eigenen Kunden und die Abstimmgespräche mit anderen Abteilungen sollten in der Summe gesehen weniger Zeit in Anspruch nehmen als das Führen der Verkäufer. Dieser Wunsch ist fern jeder Realität, das ist mir bewusst. Dennoch sollte diese Verteilung der Arbeitszeit eines Verkaufsleiters angestrebt werden. Bei unserer letzten Untersuchung zum Thema Arbeitszeit des Verkaufsleiters war der größte Zeitblock beim Verkaufsleiter das Verkaufen an die eigenen Kunden, gefolgt von Administration und erst zuletzt kam das Führen der Mitarbeiter. Bedenken Sie immer, dass Sie als Führungskraft Mitarbeiter führen sollen und reservieren Sie dafür die entsprechende Zeit. Für die Umsetzung steht Ihnen eine Reihe von Werkzeugen zur Verfügung.

Einzelgespräche mit Verkäufern führen

Wenn Sie Typen zu einem besseren Leistungsverhalten motivieren wollen, dann ist das Einzelgespräch der ideale Weg dahin. Dabei werden die Führungsmaßnahmen besprochen und das weitere Vorgehen vereinbart. Bereiten Sie sich auf jedes Einzelgespräch gut vor. Messen Sie zuerst die Leistung und klassifizieren Sie diesen Verkäufer, beschreiben Sie die Leistungswirklichkeit und führen Sie typgerecht. Mitdenken und Mitgestalten ist bei der Entwicklung von einem Typ zu einem leistungsfähigeren Typ wichtig. Mindestens einmal pro Jahr sollte ein ausführliches Mitarbeitergespräch mit jedem Verkäufer erfolgen. Einzelgespräche können zum Beispiel mit Einsteigern auch wöchentlich geführt werden. Besprechen Sie dabei mit Ihrem Mitarbeiter die Entwicklungsperspektiven aufgrund der Typologie.

Coaching

In der Führungsarbeit ist es wichtig, sich auf einige wenige Coachings zu konzentrieren. Das Coaching ist im Vergleich zum Einzelgespräch ein dichteres und intensives Betreuen des Verkäufers. Drei bis fünf Verkäufer können bestenfalls gleichzeitig gecoacht werden. Dieser Prozess kann beim leistungsschwachen Verkäufer bis zu sechs Monate dauern. Coachinggespräche sind in mehreren Folgegesprächen zu vertiefen. Hier geht es darum, die Leistungspräferenzen beim Verkäufer positiv zu verändern. Zumindest einmal in der Woche ist der Kontakt zum Mitarbeiter zu suchen, wobei es immer besser ist, wenn der Mitarbeiter aktiv zu Ihnen kommt. Beim Einsatz der retrograden Zielvisualisierung kann es auch vorkommen, dass Sie täglich ein Coachinggespräch mit dem Mitarbeiter führen. Die Dauer des Coachings sollte auf eine Zeitspanne von zwei Wochen bis zu einem halben Jahr begrenzt sein.

Parallelbesuche

Bei vielen Typen im Beobachtermilieu und bei den jungen Aufsteigern ist es optimal, in regelmäßigen Abständen gemeinsame Besuche bei den Kunden zu machen. Dabei erkennt man am besten, wie der Verkäufer bei den Kunden ankommt. Wichtig ist, ein Protokoll zu führen und dieses Protokoll nach den Parallelbesuchen gemeinsam mit dem Verkäufer zu besprechen. Diese Besuche sollen keine Show-Besuche sein – also jene Besuche bei denjenigen Kunden, die dem Verkäufer besonders freundlich gesinnt sind –, aber auch keine Jammerpartys bei denjenigen Kunden, die dem Verkaufsleiter schon immer einmal richtig die Meinung sagen wollen.

In der Regel wird der Parallelbesuch an einem bestimmten Tag durchgeführt und im Anschluss daran wird dem Verkäufer das Feedback über sein Leistungsverhalten gegeben. Parallelbesuche werden im Rahmen der engen Führung häufig durchgeführt und bei erfolgreicher Weiterentwicklung des Verkäufers wieder abgesetzt. Wann der geeignete Zeitpunkt für das Absetzen der Parallelbesuche erreicht ist, entscheiden Sie als Führungskraft und teilen es dem Mitarbeiter zu gegebener Zeit mit.

Schattenbesuche

Unangekündigte Besuche bei einem Kundentermin eignen sich vor allem bei den Beobachtern, denen noch die ausgereifte Kompetenz fehlt, die Kunden zu überzeugen. Wenn Techniker oder Mitarbeiter des Marketings gemeinsam mit dem Verkäufer zum Kunden gehen und bei dem Termin quasi »mitverkaufen«, lernt der Verkäufer und qualifiziert sich damit weiter. Als Verkaufsleiter sollten Sie solche Termine organisieren und planen und im Anschluss ein gemeinsames Feedback-Gespräch arrangieren. Ziel dieser Gespräche ist die dauerhafte fachliche Qualifizierung des Verkäufers.

Solche Termine sind punktuell anzusetzen und der Verkäufer ist vorab zu informieren, dass es solche Besuche geben wird, aber nicht, wann oder bei welchen Kunden sie stattfinden.

Verkaufsbesprechungen

Verkaufsbesprechungen sind das wichtigste Instrument der Gesamtgruppenführung und das wichtigste Werkzeug zur operativen Ausrichtung des Vertriebs. Der Verkäufer soll bei dieser Besprechung eine Ausrichtung für die nächste Periode erhalten. Jede Besprechung sollte auch ein soziales Event für die Verkäufer sein. Vor allem bei Außendienstmitarbeitern, die nur selten im Unternehmen sind, sind zwischenmenschliche Beziehungen zu pflegen. Auch der Spaß sollte auf der Veranstaltung nicht zu kurz kommen. Der Grund ist klar: Für Außendienstmitarbeiter sind diese Zusammenkünfte oft die einzige Möglichkeit, eine Bindung an das Unternehmen aufzubauen. Diese Meetings dürfen auch etwas kosten. So banal es klingt: Eine Besprechung mit Außendienstmitarbeitern ist anders zu inszenieren als eine normale Besprechung im Unternehmen. Das ist ein wichtiges Element, um eine Vertriebskultur aufzubauen.

Gruppen- und Milieutreffen

Eine Sonderform von Verkaufsbesprechungen sind Gruppen- und Milieutreffen. Sie eignen sich speziell im Gruppenführungsprozess, um die Maßnahmen zu initiieren und umzusetzen. Diese Form der Treffen ist sehr intensiv von der Führungskraft vorzubereiten, da die in den Meeting vereinbarten Maßnahmen sehr wichtig für den zukünftigen Führungserfolg sind. Eine bei Verkaufsleitern beliebte Form ist das »Führen am Mittagstisch«. Vor allem bei Aufsteigern und bei den Leistungsträgern, die bereits aus der Führung entlassen worden sind und auch nicht bei allen Verkaufsbesprechungen dabei sein müssen, werden informelle Treffen bei einem Mittag- oder Abendessen favorisiert.

Tagung und Konferenz

Tagungen sind größere Verkaufsbesprechungen, zu denen auch andere Abteilungen oder unternehmensfremde Personen eingeladen werden.

Hier werden den Verkäufern oft neue Produkte oder neue Vertriebskooperationen vorgestellt. Vor Tagungen und Konferenzen ist die Abstimmung des Verkaufsleiters vor allem mit dem Marketing wichtig, damit die Botschaften im Vertrieb richtig übermittelt werden. Die Tagung ist formeller als das Meeting, es gibt Vorträge, Ausbildungen und generelle Informationen.

Kick-off-Meeting

Ein Kick-off-Meeting findet in der Regel einmal im Jahr statt. Hier werden die Ziele verlautbart und die strategische Ausrichtung des Vertriebs findet statt. Die Vertriebsstrategie für das nächste Jahr wird vorgestellt. Diese Zusammentreffen dienen dazu, den Vertrieb strategisch auszurichten. Bei dieser Veranstaltung sollte die Unternehmensführung unbedingt dabei sein. Diese Veranstaltungen sollten den höchsten Informationscharakter, aber auch einen Unterhaltungswert haben.

Generell ist zu den Veranstaltungen zu sagen, dass sie am besten in einer Zeit stattfinden, in der Kunden nur schwer anzutreffen sind. Ein Ausufern der Besprechungskultur ist natürlich abzulehnen. Verkaufsleiter sollen auch die vielen Ad-hoc-Besprechungen zwischen anderen Abteilungen und den Verkäufern unterbinden. Verkäufer sollen verkaufen – genau das ist ihre Hauptaufgabe und dafür werden sie bezahlt. Die Aufgabe der Führungskraft ist es, das zu unterstützen und jeden Diebstahl an Kundenzeit zu unterbinden.

Abschließende Worte

Das ist mein fünftes Buch zum Thema Vertrieb und Verkauf und diesmal wollte ich einen Wegweiser durch das Thema »Führen von Verkäufern« schaffen. Mein Anspruch an dieses Buch war es, einen Standard zu entwickeln, der es Führungskräften erlaubt, Zielgruppen bei der Führung von Verkäufern präzise zu definieren und diese Verkäufer anschließend wirkungsvoll zu führen.

Bei all meinen bisherigen Büchern und Studien sowie bei Forschungs- und Beratungsprojekten ging es immer um das Thema Leistung, ob es die Messmethoden der vertrieblichen Arbeitsleistung in *Der Schlagzahlmanager*, die aktivitätsorientierte Gesamtvertriebssteuerung im *Schlagzahlmanagement*, die Leistungsfähigkeit der Vertriebsorganisation wie in *Der befreite Vertrieb* oder die Professionalisierung von Verkäufern in *Was Profi-Verkäufer besser machen* waren: Das Ziel war immer, zuerst Klarheit zu schaffen und anschließend Strukturen, Prozesse und Abläufe zu verbessern. Bei diesem Buch, das Sie in Händen halten, geht es auch um das Thema Leistung, aber der Fokus ist ein anderer. In diesem Buch steht die Führungsarbeit des Verkaufsleiters im Vordergrund. Führung ist zu einem inflationären Begriff geworden und dennoch ist es ein Thema, über das nachgedacht werden muss, da Verkäufer eine spezielle Art von Führung benötigen.

Wie ist dieses Buch am besten zu nutzen? Das ist kein Buch, das man einmal durchliest und weglegt. Stattdessen ist es als Arbeitsbuch für die tagtägliche Führungsarbeit gedacht. Es sollte ein Buch sein, in dem man immer wieder nachschlägt, um Zielgruppen zu bilden und diese dann zu führen. Die in dem Buch vorgeschlagenen Ansätze zur Typen-, Gruppen- und Milieuführung lassen sich kombinieren, sodass es nicht auf Teilbereiche beschränkt ist, sondern das große Thema *Führung von Verkäufern* sehr umfassend als Ganzes behandelt wird.

Eine häufig gestellte Frage ist, ob die Erkenntnisse dieses Buches auch auf andere Bereiche übertragbar sind. Die Antwort ist: Ja, sie sind übertragbar, mit der Einschränkung, dass dieser Bereich, in dem sie eingesetzt werden, leistungsorientiert ist. In einer abwicklungsorientierten Organisation sind diese Erkenntnisse nur bedingt anwendbar.

Alles in allem erhalten Sie klare Handlungsanweisungen, um Verkäufer zu einer höheren Leistung zu führen. Wenn Sie Anregungen und Ergänzungen zu dem Thema haben, würde es mich freuen, wenn Sie mich unter der E-Mail-Adresse karl@pinczolits.com kontaktieren.

Anhang

Der Leistungspräferenztest

Mit diesem Test werden Sie erfahren, wie man die Leistungspräferenzen von Verkäufern erkennt, und wie man Verkäufer in Typen, Milieus und Leistungsgruppen klassifizieren kann. Sie lernen so, die Präferenzen der Verkäufer zum Erbringen von Leistung besser zu verstehen und können damit ihre Entwicklung besser vorantreiben. In Ihren Führungsgesprächen hilft Ihnen dieser Test, unterschiedliche Leistungstypen unter den Verkäufern klar zu unterscheiden. Damit ist es möglich, zielgerichteter und erfolgreicher zu kommunizieren.

Im Verhalten mit dem Kunden treten bei den meisten Verkäufern immer wieder ein bis zwei Gewohnheiten auf, die ihr Verkaufsverhalten prägen. Diese Gewohnheiten verändern sich im Laufe der Entwicklung eines Verkäufers und mit der Art der Leistungserbringung. Jeder Verkäufer hat in seiner Entwicklung bestimmte Präferenzen, zum Beispiel wie er die Verkaufssituation wahrnimmt, wie er die Kunden beurteilt, wie er seine Aufgaben löst. Diese Präferenzen sind sein gewöhnliches Verkaufsverhalten. In der Verkaufsverhaltensdarstellung werden diese Präferenzen beschrieben.

Der Test verwendet nur zwei Kennzahlen, nämlich die erzielten Ergebnisse des Verkäufers und sein Aktivitätsniveau (siehe Tabelle 5). Diese beiden Kenngrößen sind wenig störanfällig und liefern sehr genaue Aussagen über die Leistungspräferenzen. Bevor man mit dem Leistungspräferenztest beginnt, sollte man die Unterlagen über die Ergebnisse und die Auswertungen der Aktivitäten vorbereiten. Dokumentieren Sie, welche Kenngrößen Ihrer Meinung nach die Leistung der Verkäufer am besten beschreibt. Folgende Kenngrößen werden häufig für die Ergebnisse genannt: Umsätze, Deckungsbeiträge, Absatzzahlen. Bei den Aktivitäten sind es häufig Angebote, Besuche und Termine.

Tabelle 5: Der Leistungspräferenztest

Name des Verkäufers	Ergebnis	Aktivität

Bringen Sie die Ergebnisse und die Aktivitäten in eine Rangfolge und übertragen Sie die Ergebnisse in das Leistungsdiagramm.

Das Leistungsdiagramm

Abbildung 13: Das Leistungsdiagramm[27]

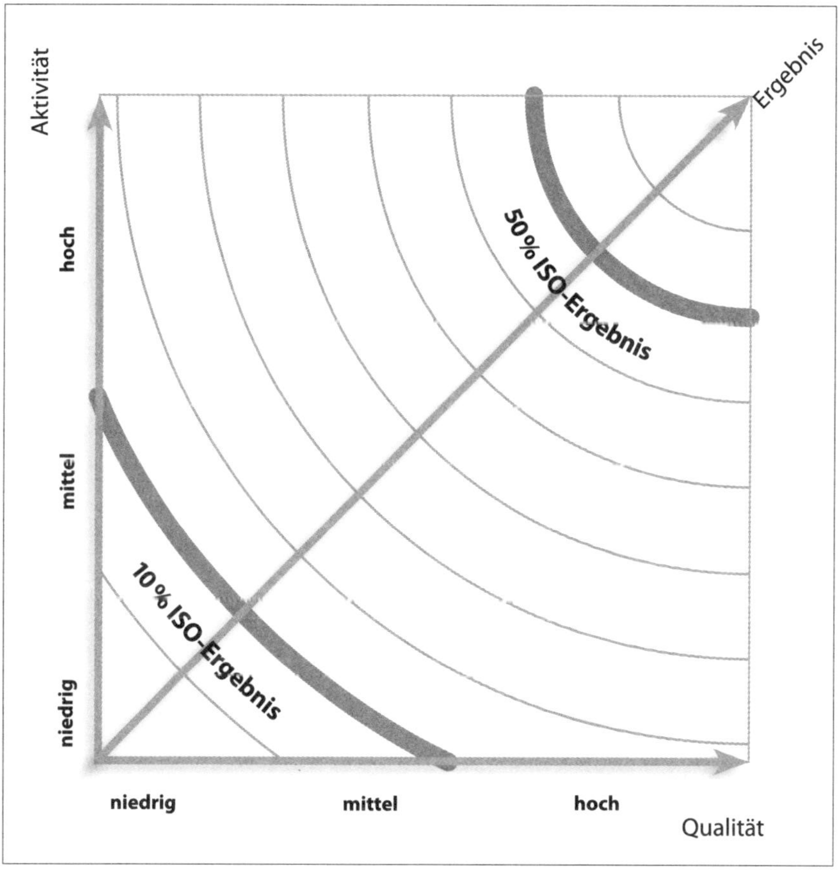

Zeichnen Sie die zuvor in eine Rangfolge gebrachten Verkäufer in die Abbildung 13 ein. Ordnen Sie sie auf der Ergebnis-Achse so an, dass über dem 50-Prozent-ISO-Ergebnis jene Verkäufer sind, die mehr als 50 Prozent der Ergebnisse erwirtschaften. Nach Abschluss dieses Schnelltestes können Sie die Position des jeweiligen Verkäufers in die nächsten Darstellungen übertragen.

Die Verkäufertypen

Übertragen Sie die Position jedes Verkäufers aus dem Leistungsdiagramm in das Diagramm der Verkäufertypen. Wenn Sie nun genau wissen wol-

Abbildung 14: Typenportfolio

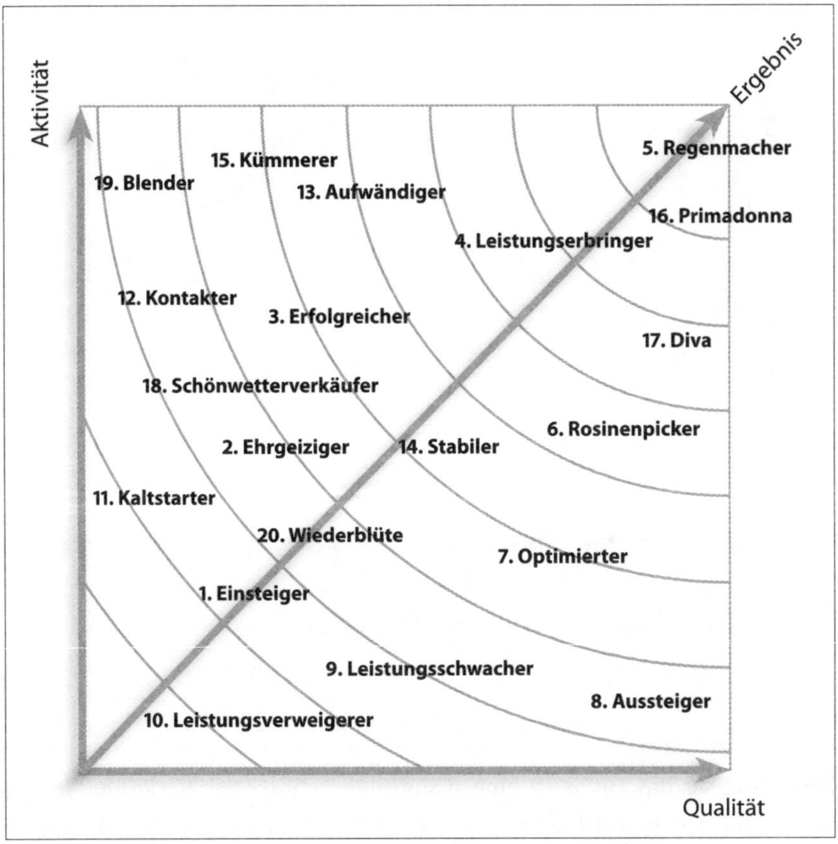

len, welche Typen Ihre Verkäufer sind, dann müssen Sie entscheiden, ob der Verkäufer, den Sie positioniert haben, ein Aufsteiger, ein Absteiger oder ein Beobachter ist. Die Milieu-Darstellungen werden im Folgenden noch einmal zusammengefasst, damit Ihnen die Zuordnung leichter fällt und Sie sie besser vornehmen können. Sehen Sie sich dafür die Tabellen 6, 7 und 8 noch einmal an.

Tabelle 6: Aufsteiger-Milieu

Aufsteiger	Einsteiger, Ehrgeiziger, Erfolgreicher, Leistungserbringer, Regenmacher, Primadonna und Wiederblüte
Stimmung	Aufbruchstimmung, Optimismus bei der Übernahme von Aufgaben, wollen vorankommen
Wünsche	Wollen etwas aus sich machen, wollen Helden sein
Orientierung	Haben hohe Ansprüche an sich selbst, können die Unternehmensziele voll unterstützen
Führungsansatz	Einen Hafen für Top-Leute schaffen, Sales Contests durchführen, Leistungssog durch Vorbildwirkung erzeugen, gute Verkäufer halten und binden
Führungsinstrumente	Mentoring von jungen Aufsteigern

Tabelle 7: Absteiger-Milieu

Absteiger	Rosinenpicker, Optimierter, Aussteiger, Leistungsschwacher, Leistungsverweigerer, teilweise auch Diva
Stimmung	Gedrückt, verzweifelt, aber auch glücklich
Wünsche	Wollen etwas aus sich machen, wollen Helden sein
Orientierung	Haben die Orientierung im Unternehmen verloren. Haben die Aufmerksamkeit vom Unternehmen ins Private, in den Sport oder andere Bereiche verlagert
Führungsansatz	Standards setzen, Retten von Kunden und Märkten
Führungsinstrumente	Aufmerksamkeitslenkung und Bedeutungsperspektiven verschieben, Verabschiedungsgespräche führen.

Tabelle 8: Beobachter-Milieu

Beobachter	Kaltstarter, Kontakter, Aufwändiger, Stabiler, Kümmerer, Schönwetterverkäufer, Blender
Stimmung	Engagiert, bemüht
Wünsche	Streben nach beruflicher Etablierung
Orientierung	Sind an vielen Dingen orientiert, die das Verkaufen behindern. Hohe Gefallsucht und der Wunsch nach viel Aufmerksamkeit, zu hohe Detailorientierung oder helfende Absichten
Führungsansatz	Qualifizierungsmaßnahmen, Kompetenzstandards des Verkaufs einführen, zur Überprüfung Schatten- und Parallelbesuche
Führungsinstrumente	Gemeinsame Kompetenzstandards, Qualifizierungen

Die drei Leistungsgruppen

Übertragen Sie Ihre Verkäufer jetzt in die drei Leistungsgruppen.

Tabelle 9: Leistungsgruppe 1

Die besten Verkäufer	Regenmacher, Leistungserbringer, Primadonna, teilweise auch Diva und Erfolgreicher
Anteil am Ergebnis	Bis zu 50 Prozent
Anzahl der Verkäufer	Bis zu 20 Prozent
Zielorientierung	Eigene Ziele sind höher als Unternehmensziele. Will eigene Ziele in seiner Leistungsgruppe und sucht zusätzliche neue Herausforderungen. Hoch motivierbar durch zusätzliche Zielsysteme
Leistungsbereitschaft	Hohe Leistungsbereitschaft, die in Notsituationen (zum Beispiel bei einem Umsatzeinbruch) noch zusätzlich aktiviert werden kann
Gruppenführungsansatz	Die erste Zielgruppe für Maßnahmen bei Veränderungen. Erst wenn diese Zielgruppe überzeugt ist, können weitere Schritte unternommen werden. Leistungsträger sind nur mit Leistungsträgern zu vergleichen
Führungsinstrumente	Leistungssog durch Vorbildwirkung erzeugen, Wettbewerbe unter den Besten einführen

Tabelle 10: Leistungsgruppe 2

Die durchschnittlichen Verkäufer	Stabiler, Rosinenpicker, optimierter Aussteiger, Kaltstarter, Kontakter, Aufwändiger, Kümmerer, teilweise auch Diva und Erfolgreicher
Anteil am Ergebnis	Bis zu 45 Prozent
Anzahl der Verkäufer	Bis zu 60 Prozent
Zielorientierung	Wollen in der Mitte sein, haben Aufstiegs- und Abstiegsängste
Leistungsbereitschaft	Sind immer am Durchschnitt der Gesamtgruppe orientiert
Gruppenführungsansatz	Die letzte Zielgruppe für Maßnahmen und Veränderung. Erst auf die durchschnittlichen Verkäufer konzentrieren, wenn sich alle anderen Gruppen verändert haben
Führungsinstrumente	Die beste Zielgruppe für kontinuierliche Leistungssteigerung und den Leistungssprung

Tabelle 11: Leistungsgruppe 3

Die Leistungsschwachen	Leistungsschwacher, teilweise auch Kaltstarter, Einsteiger, Kontakter
Anteil am Ergebnis	Bis zu 10 Prozent
Anzahl der Verkäufer	Bis zu 20 Prozent
Zielorientierung	Können Unternehmensziele noch nicht annehmen
Leistungsbereitschaft	Geringe Leistungsbereitschaft
Gruppenführungsansatz	Die zweite Zielgruppe für Maßnahmen und bei Veränderungen. Durch retrograde Maßnahmen Aufstiegsgeist erzeugen
Führungsinstrumente	Unterdurchschnittliche Verkäufer zur Durchschnittsproduktivität bewegen

Zielgruppen der Führung

Übertragen Sie nun die Verkäufer in Tabelle 12.

Milieu und Typ

Tabelle 12: Milieu und Typ

Milieus	Typen	Name des Verkäufers
Aufsteiger	1. Der Einsteiger	
	2. Der Ehrgeizige	
	3. Der Erfolgreiche	
	4. Der Leistungserbringer	
	5. Der Regenmacher	
Absteiger	6. Der Rosinenpicker	
	7. Der Optimierte	
	8. Der Aussteiger	
	9. Der Leistungsschwache	
	10. Der Leistungsverweigerer	
Beobachter	11. Der Kaltstarter	
	12. Der Kontakter	
	13. Der Aufwändige	
	14. Der Stabile	
	15. Der Kümmerer	
Subtypen	16. Die Primadonna	
	17. Die Diva	
	18. Der Schönwetterverkäufer	
	19. Der Blender	
	20. Die Wiederblüte	

Leistungsgruppe

Tabelle 13: Einteilung der Verkäufer in Leistungsgruppen

Leistungsgruppe 1	Leistungsgruppe 2	Leistungsgruppe 3

Die genauen Beschreibungen der Typen sowie Angaben, wie Sie das Leistungspotenzial Ihrer Mitarbeiter entwickeln können, können Sie den entsprechenden Kapiteln dieses Buches entnehmen.

Danksagung

Wer ein Buch schreiben will, der benötigt vor allem Zeit und Ruhe. Zeit und Energie, die ihm andere Menschen schenken, sind ebenfalls wichtig. An erster Stelle danke ich meiner Frau Marina für die großartige Unterstützung, für die Abnahme vieler Aufgaben in der schwierigen Phase der Bucherstellung, und meinen beiden Töchtern Johanna und Katharina für das Verständnis für die vielen Stunden, die sie mich vor dem Computer sitzend vorgefunden haben.

An dieser Stelle möchte ich auch all jenen Personen danken, die mich in den letzten fünfunddreißig Jahren im Vertrieb begleitet haben. Sie alle haben mitgeholfen, neue Erkenntnisse im Verkauf zu erhalten. Dank gilt auch meinen Klienten für die Bereitschaft, Interviews zu geben, und das Zurverfügungstellen von Auswertungen, deren freundliche Unterstützung viele neue Anregungen zur Zukunft des Vertriebs lieferte.

Selina Hartmann vom Campus Verlag zeigte besonderes Geschick, mich von der Ausrichtung des Buches und den notwendigen Änderungen zu überzeugen und das Thema abzurunden.

Danken möchte ich auch den Mitarbeitern meines Fachbereichs, Daniela Vevera und Petra Weiss an der Fachhochschule Wiener Neustadt, die mich seit zehn Jahren bei den Forschungsprojekten im Vertrieb und bei der Endfassung des Buches unterstützten.

Karl Pinczolits
www.pinczolits.at

Anmerkungen

1 Die erste Untersuchung zum Thema Leistungsmessung wurde 1998 vom Campus Verlag mit dem Titel: *Der Schlagzahlmanager* publiziert. Weitere Publikationen, Untersuchungen und Bücher:

Pinczolits, Karl (2003): *Best Sales Performance. Bechmarks, Steuerung & Produktivität im Vertrieb*. Wien: ÖPWZ (Studie).

Pinczolits, Karl (2006): *Produktivität von Verkäufer/innen und Verkaufsleiter/innen 2006*. Wiener Neustadt: Fachhochsch. Wiener Neustadt für Wirtschaft und Technik, Fachbereich Marktkommunikation und Vertrieb.

Pinczolits, Karl/Pinczolits, Marina/Vevera, Daniela (2008): *Produktivität im Vertrieb und Verkauf 2008/20009*. Wiener Neustadt: FH Wiener Neustadt für Wirtschaft und Technik.

Pinczolits, Karl/Pinczolits, Marina/Vevera, Daniela (2010): *Produktivität von Spitzenverkäufern*. Wiener Neustadt: FH, Fachbereich: Marktkommunikation und Vertrieb

Pinczolits, Karl/Wagner, Daniela (2002): *Direktvertrieb in Österreich*. Studie der Fachhochschule Wiener Neustadt.

Pinczolits, Karl/Vevera, Daniela (2005): *Sales Radar. Die aktuellen Themen im Vertrieb 2005/2006 und ihre Relevanz*. Studie der Fachhochschule Wiener Neustadt.

Pinczolits, Karl/Vevera, Daniela (2006): *Sales Radar. Die aktuellen Themen im Vertrieb 2006/2007 und ihre Relevanz*. Veröffentlichte Studien, Fachhochschule Wiener Neustadt für Wirtschaft und Technik GmbH, Wiener Neustadt.

2 Die Bedeutung der »Produktivität von Verkaufsleitern« wurde in der gleichnamigen Studie ausführlich behandelt.

3 In dem Buch *Führen Leisten Leben* hat Fredmund Malik diesen Zusammenhang umfassend behandelt.

4 Die Produktivität im Vertrieb wird im Rahmen einer Langzeitstudie seit 1998 jährlich am Institut für Vertrieb analysiert.

5 Sprenger, Reinhard K.: *Die Entscheidung liegt bei dir!*, Frankfurt/New York: Campus, 14. Auflage, 2010.

6 Walter Lippmann hat 1922 den Begriff des Stereotypus als Erster in seinem Buch *Die öffentlichen Meinung* beschrieben (Lippmann/Reidt (1964), S. 72: »Es sind vereinfachte Bilder in den Köpfen«). Stereotypen sind also Vereinfachungen von Personengruppen, Personen oder Ereignissen. Mit Stereotypen fällt es uns leichter, in der komplexen Umwelt zurechtzukommen. Aus Stereotypen können – aber müssen nicht – Vorurteile entstehen. Wir verwenden unsere Stereotypen als eine Zielgruppendefinition, um die Führungsarbeit zu erleichtern. Doch ist auch vorsichtig mit Stereotypen umzugehen: Stereotype überzeichnen leicht jene Grundzüge und Eigenschaften der Verkäufer, die jedem bekannt vorkommen. Daher sollten Stereotype als idealtypische Muster angesehen und nicht immer »so genau genommen« werden.

7 Sie basierten größtenteils auf der Jungschen Typologie. Die bekanntesten, die im Vertrieb eingesetzt wurden, waren die DISG-Typologien, der Myers Briggs Type Indicator und die Archetypen. Derzeit gibt es eine Unzahl dieser Typologien am Markt. Diese Typologien entstehen, indem Eigenschaften Menschen zugeordnet werden. Eine Kombination von mehreren Eigenschaften bestimmt dann den Typ. Bei all diesen Typologien wurde aber die tatsächlich erbrachte Leistung und die Ergebnisse der getesteten Person nicht berücksichtigt.

8 Leistungsmessung und Klassifizierung wird im Sprachgebrauch ständig miteinander verwechselt. So ist eine Leistungsmessung eine exakte Zuordnung einer Person zu einem bestimmten Leistungsverhalten. Ein Beispiel einer Leistungsbestimmung ist das Aktivitäts- und Produktabschlussportfolio (siehe Abbildung 15). Mit diesem Portfolio aus dem Schlagzahlmanagement ist es möglich, den Verkäufer exakt anhand seiner Aktivität (Verkaufsberatungen) und anhand seiner Qualität (Verkaufsabschlüsse) zu positionieren. Von einer Klassifizierung sprechen wir dann, wenn wir einen Typ

einer Gruppe oder einem Milieu zuordnen. Ein und derselben Leistungsposition können aber mehreren Typen zugeordnet werden. So können der Einsteiger, die Wiederblüte und der Leistungsschwache die gleiche Leistung erbringen, es sind aber gänzlich andere Typen mit unterschiedlichen Kompetenzen und einem anderen Verkaufsverhalten.

Abbildung 15: Aktivität / Produktabschlussportfolio

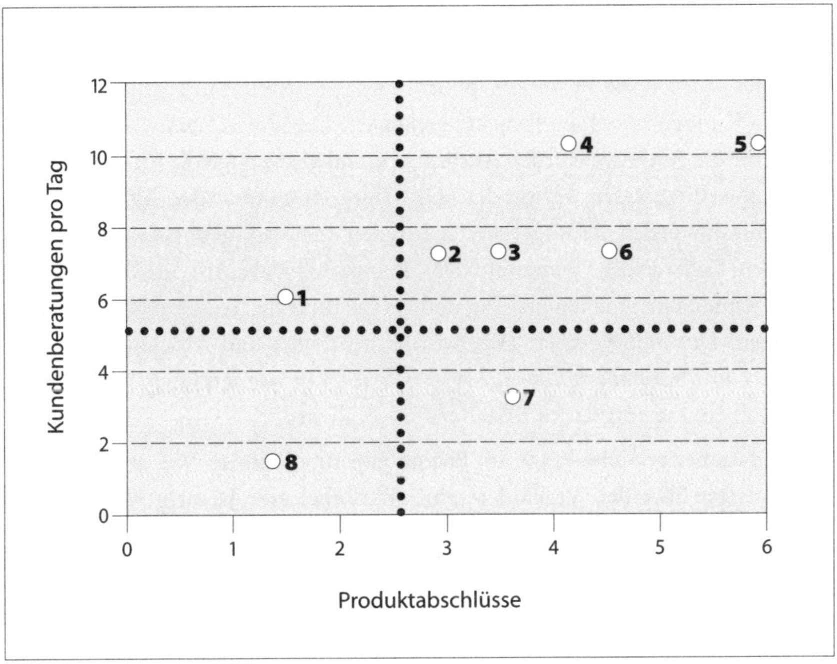

In dem Beispiel sind die Verkäufer (Punkte 1 bis 8 im Diagramm) klar durch die Kundenberatungen pro Tag und die aus diesen Beratungen erzielten Produktabschlüsse positioniert.

9 Wenn Sie sich ausführlicher mit dem Thema beschäftigen wollen, dann ist es sinnvoll, Key-Performance-Indikatoren, also Schlüsselaktivitäten – die wichtigste aller Aktivitäten – der Verkäufer zu identifizieren und in der Folge zu messen. Nicht jede Aktivität ist gleich wichtig und entfaltet nicht die gleiche Wirkung. Schlüsselaktivitäten beeinflussen das Verkaufsergebnis

Ihrer Mitarbeiter wie keine anderen Aktivitäten. Mathematisch spricht man von einer positiven Korrelation zwischen dem Ausführen von Aktivitäten und dem erzielten Ergebnis. Einige Beispiele zeigen Ihnen, wie Sie in der Praxis eine Einordnung vornehmen können. *Der Autohandel:* Als Schlüsselaktivität wurde die Anzahl der Probefahrten in einer Woche herangezogen und als Qualität die Trefferquote beim Abschluss von Kaufverträgen von Fahrzeugen. *Die Filialbank:* Als wichtigste Aktivität wurden die Beratungsgespräche pro Woche mit den Kunden und als Qualität der erzielte Nettoertrag der Bankprodukte herangezogen. *Der Finanzvertrieb:* Als Aktivität wurden die Termine beim Kunden pro Woche und als Qualität die Provision der Abschlüsse verwendet. *Der Softwareverkauf:* Als Indikator für die Aktivität wurden die Business Opportunities pro Monat und als Qualität die vom Kunden bestellten Projekte gemessen. *Der Einzelhandel:* Als Kennziffer für die Aktivität wurden Ansprachen und als Kenngröße für die Qualität Cross-selling-Raten verwendet. *Die Telekommunikation:* Als Aktivitätsmaßstab wurden die Angebote für Kunden und als Ergebnis die abgeschlossenen Tarifverträge gemessen. *Der Energievertrieb:* Als Aktivität wurden die Kundenansprachen pro Tag und als Qualität die Trefferquoten herangezogen. *Der Stahlhändler:* Hier wurden Anfragen und Abschlüsse verwendet. *Der Pharmaverkäufer für Apotheken:* Hier wurden Gespräche mit den Entscheidungsträgern zu Bestellungen verglichen.

10 Eine immer gestellte Frage am Beginn von Analysen ist: Wie genau müssen Analysen über den Verkäufer sein? Als Regel gilt: Je mehr Verkäufer zu analysieren sind, desto automatisierter und auch genauer sollen diese Analysen sein. Dennoch ist aus der Praxis auch zu berichten, dass bereits eine skizzenhafte Analyse zu in der Praxis verwertbaren Ergebnissen führt. Der Grund ist, dass Verkäufer sich sehr genau selbst einschätzen und damit auch gut positionieren können. Auch Verkaufsleiter wissen über das Leistungsverhalten sehr gut Bescheid. Um eine skizzenhafte Analyse durchführen zu können, sind lediglich einige Eckdaten notwendig, um die Typen, Gruppen und Milieus zu bestimmen.

11 Dieser Zusammenhang gilt vor allem bei Außendienst- und Projektverkäufern, die häufig ein nach oben offenes Verdienstsystem haben, und bei jenen Verkäufern, die nahezu ausschließlich nach Leistung bezahlt werden. Dieser Zusammenhang gilt weniger im stationären Handel.

12 Nach oben offene Gehaltsysteme sind in einigen Branchen sehr häufig vertreten, wie zum Beispiel in der Finanz- und Medienwirtschaft, während sie

in technischen Vertrieben kaum vorkommen. Auch der Anteil des variablen Anteils schwankt sehr stark zwischen den Branchen, aber auch zwischen amerikanischen, europäischen und asiatischen Vertriebsorganisationen.

13 Zum Thema arm- und reichgeborene Verkäufer siehe auch: Pinczolits, Karl: *Der Schlagzahlmanager. Arbeitsleistungen im Vertrieb messen und steigern*, Frankfurt/New York: Campus 1998, und Winkelmann: *Vertriebskonzeption und Vertriebssteuerung. Die Instrumente des integrierten Kundenmanagements.* München: Vahlen, 4. Auflage 2012.

14 Statistisch gesehen sind die Einsteiger etwa jene Mitarbeiter, die jährlich neu in den Leistungsorganisationen aufgenommen werden. Diese Rate hängt sehr stark mit der Fluktuation der Verkäufer zusammen, denn diese wird bestimmt durch die Branche die Marktentwicklung und hängt eng mit der Firmenpolitik zusammen.

15 In vielen Führungsweisheiten wird empfohlen, dass Ehrgeizige als unangenehme Streber, die sich häufig gegen das Team stellen, abgebremst werden müssen. Das ist im Vertrieb kompletter Unsinn. Sie müssen froh sein, solche Mitarbeiter zu haben.

16 Das Thema »Glückskinder« ist sehr gut in Hermanns Scherers gleichnamigem Buch (erschienen im Jahr 2011 bei Campus) beschrieben worden. Die dort vorgestellte Chancenintelligenz deckt sich mit einem Teil der von uns beschriebenen Leistungsintelligenz.

17 Reinhard K. Sprenger hat vor allem in seinem Buch *Mythos Motivation* (Campus, 1996) den Zusammenhang zwischen einer schonungsorientierten Freizeithaltung und dem Leistungsverhalten erstmals beschrieben.

18 Bei Beobachtern ist der Schulungsaufwand am höchsten. In diesem Bereich sollte auch der Großteil des Schulungsbudgets der Vertriebsabteilung eingesetzt werden, da es hier tatsachlich eine direkte Auswirkung auf die Ergebnisse hat.

19 Dieser Zusammenhang wurde vor allem laut Peter Drucker immer wieder von Führungskräften gefordert: »... die Stärken der Mitarbeiter produktiv zu machen und die Schwächen unwesentlich«.

20 Zu den ermittelten Typen wurden in einer Studie zur Produktivität von Spitzenverkäufern intensive mehrstündige Interviews mit den Verkäufern und auch mit den Vorgesetzen geführt.

21 Die Aussagen zu den Krankheitstypen decken sich auch mit den allgemeinen medizinischen Erkenntnissen zur Typologie Burnout-gefährdeter Menschen.

22 Es werden immer mehr Mindestleistungen eingefordert und das in immer kürzeren Abständen. So ist zum Beispiel in Versicherungen die Payback line, also die Zeit in der ein Versicherungsvertreter mehr kostet als er bringt, im letzten Jahrzehnt von fünf bis sieben Jahren auf ein bis zwei Jahre zurückgegangen.

23 Das gemeinschaftliche höhere Ziel der Leistungssteigerung darf aber die Führungskraft nicht dazu verleiten, dies als Rechtfertigung für unfaire Führung zu benutzen. Die Gruppenregeln und -zwänge dürfen nicht über Menschenwürde, Compliance oder gesetzliche Regelungen gestellt werden.

24 Vergleiche die philosophischen Betrachtungen von Manfred Füllsack in: *Arbeit. Grundbegriffe der europäischen Geistesgeschichte*, herausgegeben von Paul Liessmann, Utb, 2012.

25 Vergleiche die Ausführungen zur Leistungskultur in: Pinczolits, Karl: *Schlagzahlmanagement. Die Aktivität von heute ist der Umsatz von morgen*, Wien: Facultas Verlag, 2008.

26 Pinczolits, Karl: *Der befreite Vertrieb*, Frankfurt/New York: Campus, 2003.

27 Die ISO-Ergebnislinien sind idealtypisch dargestellt.

Register